园艺作物栽培技术与生态研究

闵筱筱　张莹丽　严露露◎著

吉林人民出版社

图书在版编目（CIP）数据

园艺作物栽培技术与生态研究 / 闵筱筱，张莹丽，严露露著．-- 长春：吉林人民出版社，2024. 9.
ISBN 978-7-206-21447-9

Ⅰ．S6

中国国家版本馆 CIP 数据核字 2024TY7276 号

责任编辑：王　斌
封面设计：王　洋

园艺作物栽培技术与生态研究

YUANYI ZUOWU ZAIPEI JISHU YU SHENGTAI YANJIU

著　　者：闵筱筱　张莹丽　严露露
出版发行：吉林人民出版社（长春市人民大街 7548 号　邮政编码：130022）
咨询电话：0431-82955711
印　　刷：三河市金泰源印务有限公司
开　　本：787mm×1092mm　　1/16
印　　张：10　　字　　数：130 千字
标准书号：ISBN 978-7-206-21447-9
版　　次：2024 年 9 月第 1 版　　印　　次：2024 年 9 月第 1 次印刷
定　　价：68.00 元

前　言

园艺作物栽培在农业发展中占据重要地位，对国计民生有着深远的影响，在保障食品安全、促进农民增收、改善生态环境等方面都扮演着至关重要的角色。当前，我国园艺产业正处于一个关键的转型升级的时期，这个时期既充满了机遇也伴随不少挑战。但面对现在日益增长的市场需求和对可持续发展的更高要求，迫切需要加快现代园艺技术的应用和推广，走集约化、专业化、智能化的现代农业发展之路。

本书以园艺作物栽培技术与生态研究为主题，力求系统梳理园艺作物栽培的基本规律、关键技术及其生态效应，为推动我国园艺产业高质量发展提供理论指导和实践参考。全书共分为五章，阐述了园艺作物的相关概念，深入分析了光照、温度、水分等环境因子对园艺作物生长发育的影响机制，提出了精准调控环境的技术措施，为实现园艺作物优质高效生产提供了理论基础，对园艺作物有性繁殖、无性繁殖、嫁接繁殖等技术进行了全面梳理，重点分析了配方施肥技术在园艺生产中的应用。

生态文明建设是中华民族永续发展的基石。而园艺产业的发展，既要重视经济效益，又要兼顾生态效益。本书创新性地将园艺作物栽培对生态环境的影响作为研究重点，通过多角度分析了园艺生产活动对农田小气候、土壤环境、水环境的正负效应，同时，系统阐述了土壤养分循环特征、面源污染防控等重要生态过程与调控机制，在此基础上针对性地提出了农田生态系统健康维护的对策措施。本书的研究成果对于推动园艺产业绿色发展，实现生态保护与经济发展的双赢具有重要意义。

总之，本书紧密结合园艺学科前沿和产业发展实际需求，全面系统地论述了园艺作物栽培的理论基础、关键技术及其生态效应，其内容翔实，特色鲜明，对于提升园艺从业人员的科学种植水平，推动我国园艺产业转型升级具有不可估量的价值。衷心希望为园艺工作者提供一部实用的技术指南和科普读物，为推动我国园艺事业健康持续发展贡献绵薄之力。

目　录

第一章　园艺作物栽培概述

深入分析园艺作物的特点与分类，准确把握园艺生产的意义与价值，系统梳理园艺栽培技术的发展历程与趋势，是厘清园艺产业发展思路，明确园艺科技创新方向，推动园艺生产提质增效的重要途径。本章将围绕园艺作物栽培的基本概念、重要意义及发展历程等内容展开论述，力求站在国家食品安全和产业发展的战略高度，从多学科、多角度探讨园艺栽培的相关理论与实践问题，为读者提供一个全面、深入地认识现代园艺产业发展的视角和框架。

第一节　园艺作物的定义与分类

明确园艺作物的概念与内涵是深入研究园艺栽培技术的基础。其种类繁多，各具特色，因此分类方法也多种多样。对园艺作物进行科学合理的分类，为指导园艺生产实践，开展针对性研究提供坚实的基础。本节将从园艺作物的定义入手，在简要回顾已有分类方法的基础上，将重点介绍几种常见的园艺作物类型，以期为读者梳理园艺作物的基本概念和类别，为深入研究园艺作物做好准备。

一、园艺作物的概念

园艺作物是指园艺栽培的观赏、食用或加工用作物的总称。狭义上专指观赏植物，而广义上包含蔬菜、水果、茶叶、食用菌、药用植物等。随着现代园艺产业的快速发展，其内涵与外延也在不断拓展与延伸。

从产业属性上看，园艺作物属于农作物的范畴。《中国大百科全书》中将“农作物”定义为“利用自然界中的可再生资源，通过人工栽培或养殖，获得产品以供给人类生活之需要的生物的总称”。园艺作物正是农作物中的重要组成部分。相比大田作物，园艺作物精细化程度、附加值、商品化率高。

从学科归属上看，园艺作物是园艺学核心研究对象。园艺学作为农学分支，研究园艺作物品种选育、栽培技术和生态环境调控，促进优质高效生产。20 世纪以来，园艺学发展迅速。相关院系与研究队伍不断壮大，现代园艺技术取得重大突破并广泛应用。

从利用价值上看，园艺作物用途多元。蔬菜、水果是膳食结构基础，为人体提供多种营养物质，在促进人体健康、提升生活品质等方面发挥重要作用。观赏植物美化人居环境。药用植物富含生物活性成分，广泛用于疾病防治。此外，茶叶、食用菌、香料等特色园艺作物，也越来越受人们的青睐。

从发展历程上看，园艺作物栽培历史悠久。从新石器时代起，我国就开始种植瓜果蔬菜，形成特色种植制度。汉唐时期，外来园艺植物传入我国并成功本土化。明清时期，园艺植物种类更加丰富，技艺成熟。进入 20 世纪，我国园艺事业迎来了快速发展期，育种、栽培、植保等各领域均取得重大进展，为现代园艺产业奠定了坚实的物质技术基础①。

新中国成立以来，我国园艺作物研究持续深化，栽培面积不断扩大，产量稳步提升，品种日益丰富。目前，我国已发展为世界上最大的蔬菜生产国和消费国，园艺产品在国际市场上的竞争力也日益增强。

当前，一些大宗农产品如茶叶、马铃薯、甘薯、大豆等，逐渐被纳入园艺作物的研究范畴。另外，随着城市化进程的加快，城市园

① 贾士荣，卢海，张森，等. 新中国 60 年蔬菜园艺学科发展与展望 [J]. 中国蔬菜，2009(18)：1—6.

林绿化、立体绿化、屋顶农园等新业态应运而生，园艺作物在改善人居环境、促进城乡协调发展等方面的作用日益彰显。因此，准确把握园艺作物概念的时代内涵，对于拓宽园艺学研究视野，引领现代园艺产业发展具有重要意义。

二、园艺作物的分类标准

园艺作物种类繁多，对其进行科学分类具有重要意义。合理的分类体系有助于系统认识园艺作物的特性，为加强针对性研究，指导生产实践提供有力支持。总的来说，园艺作物可以从多个角度进行分类，主要包括经济用途、生物学特性、栽培方式等。不同的分类标准互为补充，构成了较为完善的园艺作物分类体系。

按经济用途分类是一种常见的园艺作物分类方式。通常可分为蔬菜作物、果树作物、观赏作物、药用与香料作物、饮料作物、食用菌等类型。蔬菜作物主要用于食用，包括叶菜类、根茎类、瓜果类等；果树作物的可食部分主要是果实，常见的有仁果类、核果类、浆果类、柑橘类、瓜果类等；观赏作物主要用于美化环境，如花卉、园林树木、观赏草坪等；药用与香料作物因其富含独特的芳香油和药用成分，主要用于食品、医药和化妆品工业；饮料作物主要用于加工成饮料，如茶叶、咖啡、可可等；食用菌富含蛋白质等营养物质，可鲜食或干制。不同经济用途的园艺作物在栽培目标和商品属性上存在差异，生产实践中需要采取针对性的栽培措施。

按生物学特性分类是园艺学的基础。按照园艺作物的生长发育规律、形态特征、遗传特性等，可将其划分为不同类群。比如，按活性分类可分为一年生、二年生和多年生作物；按光周期反应可分为长日照和短日照作物；按果实类型可分为干果和肉果作物；按产品器官可分为地上部和地下部作物；按起源可分为本地种和外来种等。因此科学认识不同类群园艺作物的生物学特性差异，对于优化栽培管理、提高产量品质至关重要。

栽培方式也是常用的分类依据。根据园艺作物不同的栽培环境和方式，可将其划分为露地栽培作物、设施栽培作物、无土栽培作物等。露地栽培是传统的园艺生产方式，作物在自然条件下生长发育；设施栽培是在人工模拟或改造的环境下进行生产，如塑料大棚、温室等；无土栽培是不用土壤培养基而采用营养液、基质等进行栽培的方式。借助现代园艺设施，可以实现园艺作物周年化生产，扩大优质农产品的有效供给。不同栽培方式下，园艺作物的生长发育过程存在明显差异，因此，分类研究有助于完善栽培体系，实现规范化、标准化生产。

除上述分类方式外，还可以根据园艺作物的耐寒性、含水率、植株高度、繁殖方式等标准进行分类。比如，依据产品含水率高低，可将蔬菜分为叶菜类、茄果类、瓜类、根茎类、水生蔬菜、薯芋类等类型；依据植株高度，可将果树分为乔木、灌木和藤本三类；依据繁殖方式，可将园艺作物分为种子繁殖、营养繁殖和嫁接等类型。事实上，只有综合运用多种分类标准，才能构建系统完善的分类体系。

20 世纪 50 年代，著名园艺学家吴春镕先生在其名著《园艺学概论》中，初步构建了我国的园艺作物分类体系。他主张依据园艺作物的经济用途，将其划分为蔬菜、果树、观赏植物、药用植物、饮料植物、香料植物、树脂树胶植物、纤维植物八大类。这一分类体系对我国园艺生产和科研工作产生了深远影响。

20 世纪 80 年代，朱祖祥先生主编的《中国蔬菜栽培学》在蔬菜分类上进行了深入探索，提出了蔬菜种质资源的“三位分类法”，主要包括植物学分类、栽培学分类和园艺学分类三个层次。其中，植物学分类重在揭示种间亲缘关系，栽培学分类侧重于指导大田种植，园艺学分类则强调产品形态和经济用途。这一分类不仅丰富了蔬菜分类的理论体系，还为蔬菜产业的发展提供了有力的支撑。

21 世纪，随着生物技术的进步和分子生物学的兴起，一些学者

尝试运用分子标记和基因组学方法，对园艺作物的系统进化和遗传多样性进行研究，由此形成了分子分类学派。分子分类研究有助于揭示园艺作物的起源、演化和种间亲缘关系，为优良种质资源的挖掘利用提供理论依据。杨其长等学者利用 RAPD 和 AFLP 分子标记技术，对油菜属不同种的遗传多样性进行系统分析，证实了白菜型和芥菜型油菜的独立起源，丰富了油菜种质资源的分类体系。随着现代生物学技术的不断进步，可以预见，分子分类将在未来园艺作物科学分类体系中占据越来越重要的地位。

事实上，进行科学合理的园艺作物分类，需要综合运用传统分类学和现代生物技术手段。两者相辅相成，为园艺作物科学分类提供了多元视角。选择合适的分类标准，建立完善的分类体系，对于加强园艺作物种质资源的收集保护、优良种质的创制与利用、现代园艺产业发展都具有十分重要的意义。从世界范围来看，欧美国家普遍重视经济型分类，强调园艺产品的利用价值。如美国园艺学会将果树分为核果类、仁果类、浆果类、柑橘类、热带及亚热带果树等；将蔬菜分为叶菜类、豆科蔬菜、十字花科蔬菜、葫芦科蔬菜、鳞茎类蔬菜等。这种分类方式简单明了，便于生产指导和产业管理。

日本、韩国等国普遍重视传统分类方法与现代分类技术的结合。如日本学者在《园艺植物分类学》中，不仅从植物形态特征、起源、细胞染色体、遗传变异等科学角度进行分类，同时还结合育种实践对园艺作物进行系统归纳。韩国京畿道农业技术院开发的园艺作物病虫害智能诊断系统，则在传统经济型分类基础上，融入图像处理与模式识别等信息技术，为园艺生产提供了便捷的分类检索工具。这些研究和实践经验值得其他国家和地区借鉴。

园艺作物科学分类研究应立足我国种质资源，充分吸收古代园艺分类的智慧结晶，借鉴国际先进分类理论和方法，创新园艺作物分类体系。既要注重经济型分类对生产实践的指导意义，又要重视系统分类对园艺科学研究的基础性作用。唯有如此，才能推动我国园艺作物科学分类体系的现代化、规范化、国际化，为现代园艺产业发展提供支撑。

总之，园艺作物科学分类是一项系统性工程，对于保障国家食品安全具有十分重要的战略意义，值得园艺工作者全力投入。

三、常见园艺作物类别

我国园艺作物种类繁多，品种资源丰富，在农业生产中占有重要地位。深入分析主要园艺作物的特性，对于合理配置种植业结构，促进园艺产业高质量发展具有重要意义。总的来说，我国常见的园艺作物种类主要包括蔬菜、果树、观赏植物、食用与药用作物等。

蔬菜在国民经济中占据着不可替代的地位。改革开放以来，我国蔬菜产业持续快速发展，面积和总产量均跃居世界第一。中国也因此被联合国粮农组织誉为“世界蔬菜王国”。在蔬菜的种类划分上，我国学界普遍采用“九大类群”的分类方式，即根据植物器官的经济利用部位，将蔬菜分为叶菜类、茄果类、瓜菜类、根菜类、菌菜类、豆菜类、葱蒜类、薯芋类和食用花卉类。其中，叶菜类主要包括白菜、油菜、生菜、莴笋、芹菜等，产量位居各类蔬菜之首；茄果类主要包括番茄、茄子、辣椒等；瓜菜类主要包括黄瓜、西葫芦、南瓜等；根菜类主要包括胡萝卜、芜菁、萝卜等。各类蔬菜均富含人体必需的维生素、矿物质和膳食纤维，在平衡膳食、促进人体健康等方面发挥重要作用。

果树在园艺生产中同样占有重要地位。改革开放以来，我国果树种植面积持续扩大，优良品种不断增加，区域布局日趋合理，为国民经济发展做出了重要贡献。根据植物学特征，常见的果树种类可分为仁果类、核果类、浆果类、柑橘类、热带及亚热带果类等。仁果类主要包括苹果、梨、沙果等；核果类主要包括桃、李、杏、樱桃等；浆果类主要包括葡萄、草莓、桑葚、猕猴桃等；柑橘类主要包括橙、

柚、橘、柠檬等；热带及亚热带果类主要包括香蕉、菠萝、杧果、荔枝等。科学规划果树生产布局，优化品种结构，对满足消费升级需求，促进区域经济协调发展具有重要意义。

观赏植物在美化环境、陶冶情操等方面发挥着独特作用。随着生态文明建设的不断推进，观赏园艺日益受到各界重视。根据观赏特性和利用方式，常见的观赏植物可分为草本花卉、木本花卉、室内观叶植物、室外观叶植物、盆景植物等。草本花卉主要包括菊花、月季、康乃馨等；木本花卉主要包括玉兰、海棠、紫荆等；室内观叶植物主要包括龟背竹、虎皮兰、绿萝等；室外观叶植物主要包括红枫、黄金树、银杏等；盆景艺术是我国传统园艺的瑰宝，榕树盆景、松柏盆景独具特色，深受国内外游客喜爱。随着现代园林、景观设计等产业的兴起，观赏园艺在就业、拉动消费等方面的作用日益凸显。

食用与药用作物历来是我国园艺的重要组成部分。在食用作物方面，茶叶、食用菌、坚果、调味香料等备受关注。我国是茶叶的原产地，茶园面积和总产量均居世界第一，名优茶种质资源丰富；食用菌营养价值高，市场前景广阔，近年来发展势头强劲；坚果富含油脂和多种矿物质，且易于贮藏；调味香料具有独特的药用和保健功能，市场需求旺盛。在药用作物方面，人参、灵芝、三七、麦冬等名贵中药材驰名中外，产业规模不断扩大。随着健康消费理念的普及和中医药产业的振兴，食药两用园艺作物有望迎来新的发展机遇。

除上述作物外，园艺领域还包括一些特色经济作物，如烟草、咖啡、可可、油茶等。作为重要的出口创汇农产品，这些特色经济作物在区域产业结构调整中发挥着重要作用。积极引进和培育优良品种，完善生产技术体系，对于提升特色经济作物的综合效益和国际竞争力至关重要。

总的来看，优质特色园艺产品日益受到青睐，绿色有机园艺生产方兴未艾，设施园艺、立体园艺、生态园艺、观光园艺等新业态不断涌现。这些新情况、新趋势，无疑为优化园艺作物品种结构、推动园艺产业转型升级带来了广阔空间。

未来，随着科技创新的不断深化和现代园艺设施装备的广泛应用，一些新型园艺作物有望不断涌现。功能性蔬菜、矮化密植果树、室内观赏植物、特色中药材等朝阳产业日增月盛。广大园艺工作者要立足生产实践，着眼产业需求，加强创新驱动，在生物技术、智慧农业、种养循环等领域积极探索，优化园艺作物品种结构，创新园艺生产方式，推动园艺产业迈向中高端，为促进农业农村现代化贡献力量。

全球园艺作物种类多样，地处亚热带湿润季风气候区的东南亚地区，热带果树和香料作物独具优势，榴梿、山竹、胡椒等驰名中外；地中海沿岸盛产的柑橘、葡萄、橄榄等品质上乘；北美地区的苹果、梨产业历史悠久，近年来，蓝莓、蔓越莓等小浆果作物发展势头强劲；拉丁美洲是咖啡的主要产地，出口创汇能力名列前茅。积极开展园艺作物种质资源的国际交流与合作，大力引进和培育国外优良品种，对于丰富我国园艺作物多样性，促进园艺产业优化升级具有重要意义。

新发展阶段，唯有多措并举、系统发力，推动不同类型园艺作物协调发展，才能不断提升我国园艺产业的整体竞争力，更好满足人民群众日益增长的美好生活需要。

第二节　园艺作物栽培的意义

园艺作物栽培在现代农业生产体系中占据重要地位，其意义已经远超经济价值。随着生态文明建设和健康意识的提升，园艺生产在改善生态环境、促进健康等方面作用显著。本节将从经济价值、生态价值、社会价值等多个维度，深入剖析园艺作物栽培的重要意义，以期为读者全面认识园艺生产内涵价值，树立现代园艺发展理念奠定基础。

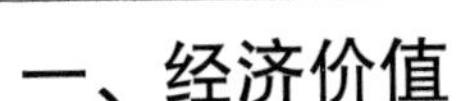

一、经济价值

园艺作物栽培在国民经济中占有举足轻重的地位，其经济价值主要体现在促进农民增收、保障食物供给、加工原料供应、拉动相关产业发展等方面，深入分析园艺作物栽培的经济价值，对于准确把握园艺产业发展规律，优化种植业结构布局，实现农业高质量发展具有重要意义。

从农民增收的视角来看，发展园艺产业是促进农民就业、提高农业生产效益的重要途径。与粮食等大宗农产品相比，园艺产品的附加值普遍较高，有利于拓宽农民增收渠道。有关数据显示，我国设施蔬菜、优质果品、茶叶等名特优园艺产品的商品率和收益水平显著高于其他农产品，已成为农民增收的“金果果”。随着农村土地流转的不断深化和新型农业经营主体的快速成长，园艺生产的规模化、集约化、专业化水平不断提升，产业效益进一步提高。积极发展订单农业、品牌农业，加快培育一批“交钥匙”园艺产业项目，将为农民持续增收注入新的动力。

从食物供给的角度来看，园艺产品供给对保障国家食品安全至关重要。我国蔬菜、水果产量快速增长，人均占有量跃居世界前列，为改善国民膳食结构、满足消费升级需求发挥重要作用。近年来，面对农产品质量安全挑战，无公害蔬菜、绿色食品、有机农产品的需求显著增加。大力发展生态园艺、有机园艺，完善园艺产品质量标准体系和溯源体系，将为农业生产带来新的发展方向。

从加工原料供应的角度来看，园艺产品是食品工业、日化工业、医药工业等的重要原料来源。以水果为例，苹果、葡萄、柑橘、猕猴桃等水果不仅可以鲜食，还可加工成浓缩果汁、果脯、罐头、果酒等，产品附加值较高，边际效益明显。一些水果还具有独特的药用保健功能，如沙棘、枸杞、山楂等，是中成药生产的优质原料。以蔬菜为例，番茄、辣椒、大蒜、生姜等不仅是百姓餐桌上的美味佳肴，也是番茄酱、辣椒酱、大蒜素、酱油等调味品的重要原材料，具有广阔的市场前景。积极发展园艺产品精深加工，延伸产业链条，提升价值链段，对于促进农业产业化经营，实现一、二、三产业融合发展具有重要意义。

从相关产业发展的角度来看，园艺产业与种苗、化肥、农药、农机、加工、物流等产业关联度高，带动作用强。以设施园艺为例，温室大棚、塑料薄膜及滴灌设备等设施装备需求旺盛，与装备制造业关联明显；荷兰、以色列等设施园艺强国还形成了配套的苗木繁育、技术培训、生产托管等现代服务业，产业链条不断拓宽。再如，园艺观光旅游产业如日中天，休闲农业、创意农业、体验农业蓬勃发展。深入挖掘园艺产业的多种功能属性，推动产业跨界融合，为做大做强现代园艺产业体系提供广阔空间。

从国际贸易的视角来看，优质园艺产品已成为我国农产品出口创汇的重要组成部分。目前我国已成为世界第一大蔬菜出口国和第二大水果出口国，并在某些细分领域占据全球较高的市场份额。积极参与国际园艺产品贸易，对于优化资源配置、提升产业竞争力具有重要意义。在国际政治经济形势复杂多变的背景下，深度融合全球园艺产业分工体系，加强与“一带一路”共建国家的园艺合作，对于维护国家利益、塑造大国形象将发挥不可替代的作用。

当前，我国园艺产业正处于转型升级的关键时期。产业规模不断扩大，结构持续优化，科技创新能力显著增强。但是，与发达国家相比，我国园艺产业大而不强、多而不优的局面尚未改变，在商品率、加工率、科技含量等方面还有较大差距。随着国际贸易保护主义抬头、地缘政治风险加剧，我国园艺产业参与国际分工合作的不确定性因素明显增多。立足新发展阶段，贯彻新发展理念，构建新发展格局，必须进一步增强园艺产业发展的使命感和紧迫感，在提质增效、绿色发展上狠下功夫，不断开创高质量发展新局面。

在优化园艺产业结构方面，要立足市场需求和资源禀赋，推进园艺生产布局区域化、专业化、标准化，充分发挥各地优势；在做大做强园艺龙头企业方面，要加大政策扶持力度，支持一批“专、精、特、新”园艺企业加快发展，引领产业集群升级；在强化园艺科技创新方面，要突出品种选育、节本增效、绿色防控等重点环节，加快科技成果转化应用，为产业发展注入新动能；在拓展园艺产业功能方面，要顺应消费结构升级趋势，挖掘园艺观光、文化体验、康养等新业态新模式，推动一、二、三产业深度融合发展；在深化园艺开放合作方面，要立足国内外两个市场两种资源，推进贸易多元化，拓展投资空间，稳定产业链供应链。

从更深层次来看，发展现代园艺产业不仅是一个经济问题，更是事关乡村振兴、生态文明、民生福祉的重大战略问题。推进农业农村现代化，既离不开粮食产业这个“压舱石”，也离不开园艺产业这个“助推器”。唯有把园艺产业发展放在构筑现代农业产业体系、生产体系、经营体系的大背景下审视谋划，放在服务国家重大战略的大格局中把握推进，才能更好彰显园艺产业在促进农民就业增收、保障食物安全、推动绿色发展、服务人民美好生活等方面的积极作用，为加快农业农村现代化提供更加有力的支撑。

二、生态价值

园艺作物栽培的生态价值受到社会各界的广泛关注。在生态文明建设的大背景下，发展园艺产业不仅关乎农业现代化，更关系到资源永续利用和生态环境保护。正确认识和充分挖掘园艺作物栽培的生态功能，对于推动农业绿色发展、助力美丽中国建设具有十分重要的现实意义。

从提高小气候环境的角度来看，园艺作物以其独特的生理特性在调节土壤水分、净化空气质量等方面发挥着不可替代的作用。许多园艺作物根系发达、植冠茂密，具有显著的蓄水保土功能。有关研究表明，在果园、茶园等多年生作物种植区，土壤侵蚀模数可降低 30% 以上[①]。一些攀缘类蔬菜如丝瓜、番薯，本身可直接覆盖地表，在强降雨下对减少水土流失具有积极作用。再如，园艺作物通过光合作用吸收二氧化碳，释放氧气，有助于缓解温室效应。一些芳香型园艺作物如薄荷、柠檬草等，可有效吸附空气中的粉尘、污染物，在美化环境、净化空气等方面独具优势。积极发展园艺产业，扩大园艺作物种植规模，对于遏制水土流失、改善生态环境、保障国土生态安全具有重要意义。

从提升农田生态系统稳定性的角度来看，合理布局园艺作物，优化种植制度，对于维护农业生态平衡、保护生物多样性至关重要。长期以来，在粮食安全压力下，我国农业生产呈现出种植制度单一化、品种结构简单化等倾向，农田生态系统脆弱。发展复合型生态园艺，科学布局不同园艺作物，合理搭配套种、间作模式，不仅仅可以提高土地利用率，而且有利于农田小生境的多样性，在病虫害生态防控等方面独具优势。再如，在果园、茶园等开展立体种植，套种豆科绿肥，不仅可以减少化肥农药施用，促进物质循环，而且有利于涵养水源，增加碳汇。可以说，发展生态园艺是践行绿色生产方式、建设资源节约型和环境友好型农业的有效途径。

从推进农业面源污染防控的角度来看，调整园艺生产投入结构，优化施肥用药方式，是提高农业生态环境质量的关键举措。随着农业现代化的快速推进，化肥农药的过量施用导致的面源污染问题日益凸显，农业可持续发展陷入瓶颈。在设施园艺中推广水肥一体化、养分循环利用等技术，可显著降低肥料流失，提高养分利用率。在茶园管理中实施“减化控”行动，通过增施有机肥、生物农药替代等措施，可有效改善土壤理化性状，维护农田生态健康。

从推动农村人居环境整治的角度来看，加快园艺产业与乡村旅

① 朱明，伍玉鹏，姜东，等. 毛竹林地表径流及侵蚀产沙过程对比研究 [J]. 水土保持学报，2006，20(5)：28—33.

游、康养等产业深度融合，对于改善农村生态面貌、提升农民生活品质具有重要作用。党的十九大报告明确提出实施乡村振兴战略，把生态宜居作为乡村振兴的重要内涵。在城乡融合发展的时代背景下，园艺产业不仅要提供优质农产品，更要注重生态涵养功能，成为乡村生态建设的重要载体。积极发展观光农业、体验农业等新业态，推进传统村落、特色田园景观、休闲农园等建设，既可以拓展园艺产业的生态功能，也有利于推动农村人居环境整治。

从增强农业气候变化适应能力的角度来看，加强园艺作物种质资源的收集保护，培育适应性强、抗逆性好的优良品种，对于提高农业综合生产能力，应对极端气候事件提供了重要支撑。在全球气候变化的大趋势下，加强园艺作物种质资源尤其是地方品种的搜集整理，充分利用现代生物技术优势，培育适应当地气候条件的抗逆品种，是提升园艺产业气候韧性的关键所在。同时，加快温室、大棚、植物工厂等设施的智能化、数字化升级，也是增强园艺产业气候变化适应能力的有效途径。

三、社会价值

园艺作物栽培的社会价值不容忽视。从改善民生福祉的角度来看，发展园艺产业对于丰富群众菜篮子、满足人民群众日益增长的美好生活需要具有重要意义。可以预见，随着收入水平的进一步提高和消费理念的转变，优质、多样、营养、健康的园艺产品将成为餐桌消费的重要组成部分。加快发展现代园艺产业，提高园艺作物的标准化、品牌化生产水平，既是适应消费结构升级的必然要求，也是改善民生、促进就业、拉动内需的重要举措。

从传承农耕文化的角度来看，从古代的橘井、梨园到现代的茶文化、果品品评等，从传统的盆景、插花艺术到新兴的都市农业、屋顶农园等，园艺始终与群众生产生活密切相关。一些具有地方特色的园艺产业，如陕西苹果、四川柑橘、广东荔枝、云南鲜花等，不仅是重要的经济作物，更承载着独特的地域文化和民族特色。因此要积极挖掘和创新发展区域性园艺文化，推动园艺文化与旅游、康养、教育等产业深度融合。

从建设美丽中国的角度来看，加快园艺产业与生态文明建设深度融合，对于推动形成绿色发展方式和生活方式，提升人民群众获得感、幸福感、安全感具有积极作用。当前，随着乡村振兴战略的深入实施，农村人居环境整治、特色田园乡村建设等工作全面推进，园艺产业正迎来难得的发展机遇。积极发展观光农业、体验农业，加快传统村落、特色庭院、田园景观等园艺景观工程建设，既有利于推动农村人居环境整治，改善农民生产生活条件，也为城乡居民提供了优美的休闲旅游环境。

从科技支撑的角度来看，加快园艺科技创新，强化科技成果转化应用，对于提升园艺产业的科技含量和竞争力至关重要。当前，现代生物技术、信息技术、智能装备等在园艺领域的应用日益广泛，育种、栽培、植保等传统园艺技术不断革新。积极发展现代科技园艺，加快高产优质、多抗广适园艺新品种的选育，推广标准化栽培、清洁化生产等先进实用技术，既是提高园艺产业供给质量和效率的必然要求，也是服务创新驱动发展、建设科技强国的重要举措。

从参与国际分工的角度来看，园艺产业是我国融入全球产业体系、参与国际竞争的重要载体。茶叶、水果、蔬菜、花卉等产品出口快速增长，在促进农业对外开放、服务“一带一路”建设等方面发挥了积极作用。一方面，要坚持扩大进口与促进出口并重，借鉴发达国家先进经验，引进优良品种和先进技术，提高我国园艺产业的核心竞争力。另一方面，要主动参与全球园艺治理，加强与周边国家特别是“一带一路”共建国家的产能合作，共建园艺产品供应链、产业链、价值链，不断提升我国园艺产业在全球价值链中的地位。

第三节　园艺作物栽培的发展历程

园艺作物栽培源远流长，其发展历程与人类文明进步息息相关。对于总结传统栽培模式的成功经验，把握现代栽培技术的发展方向，展望未来园艺产业的发展趋势具有重要意义。本节将综观园艺作物栽培的发展历程，以期为读者厘清园艺栽培技术的发展脉络，把握园艺产业的未来发展方向。

一、传统栽培模式

传统栽培模式是在长期农业生产实践中不断积累、逐步形成的。其反映了我国不同区域、不同时期园艺生产的基本特征。综观我国传统园艺的发展历程，经历了原始园艺、农家园艺、庭院园艺等阶段，形成了独具特色的栽培制度和管理方式。

原始园艺阶段主要体现在远古至夏商时期。随着原始农业的起源和发展，园艺作物栽培开始出现，主要表现为野生果树和药用植物的采集驯化。考古发现，早在7000多年前，我国长江流域一带就开始种植水稻、小麦、大豆等粮食作物，并逐步栽种桃、李、杏、梅等果树。《诗经》中有“投我以桃，报之以李”的诗句，反映了当时果树栽培的一个侧面。战国时期，随着铁器农具的普及和引水灌溉技术的发展，蔬菜、瓜果、桑麻等园艺作物的种植日益兴盛。司马迁在《史记·货殖列传》中记载了各地园圃种植的概况，反映了当时南方已广泛栽植桑树、枳椇等果树。这一时期园艺生产以自给自足为主，规模普遍较小，栽培管理比较粗放。

农家园艺阶段大致始于秦汉，兴盛于隋唐宋元时期。随着封建经济的发展和商品经济的繁荣，手工业和城市建设日益兴旺，为园艺作物商品化生产创造了有利条件。园艺栽培逐渐摆脱附庸性地位，开始独立发展。北方城郊普遍建立蔬圃，大量种植瓜菜，以满足城镇消费；南方农田普遍发展桑园，带动了丝织手工业的发展。唐代的陆羽在《茶经》中总结了当时的茶叶栽培和加工技术，标志着茶叶园艺走向成熟；北宋时期，随着嫁接、压条等繁殖技术的改进，果树栽培面积不断扩大，温棚、沤床等设施不断增多，园艺作物商品化生产迈出了重要一步。农学家王祯在其著作《农书》中总结了当时园圃管理经营等方面的丰富经验，堪称古代园艺农书的集大成者。这一时期园艺生产开始由自给性向商品性过渡，产区布局初具规模。

庭园园艺阶段肇始于魏晋南北朝，繁荣于明清时期。随着山水园林艺术的兴起，私家庭院、皇家园林、寺观园圃大量建造，推动了观赏园艺的快速发展。刘恂的《岘岭图经》、计成的《园冶》等著作详细记载了当时皇家园林建造的情况，体现了观赏园艺的极高造诣。私家园林如苏州拙政园、留园等，堪称江南庭院园艺的典范。明代江南园圃普遍实行蔬、果、花、药间作套种，体现了庭院园艺生产、生活、审美相结合的特点。清代皇家园林如颐和园、避暑山庄等大量种植花卉果木，培育盆景古桩，园艺植物的观赏功能被发挥到极致，同时也带动了附近观赏园艺产业的发展。这一时期园艺生产加快向专业化、商品化方向发展，温室花房、杨梅架等设施普遍采用，嫁接、压条、矮化等栽培技术不断改进，基本奠定了我国传统园艺的基本格局。

我国传统园艺栽培经历了漫长的发展历程，积累了丰富的品种资源和栽培经验，形成了行之有效的耕作制度和管理模式。但也存在一些明显不足：一是生产布局分散，规模普遍较小，产业化、专业化程度不高。二是品种选育滞后，生产潜力有限，优质园艺产品供给不足。三是生产方式粗放，资源利用效率偏低，难以适应现代农业发展要求。

我国园艺产业进入了快速发展时期。现代生物技术、信息技术、

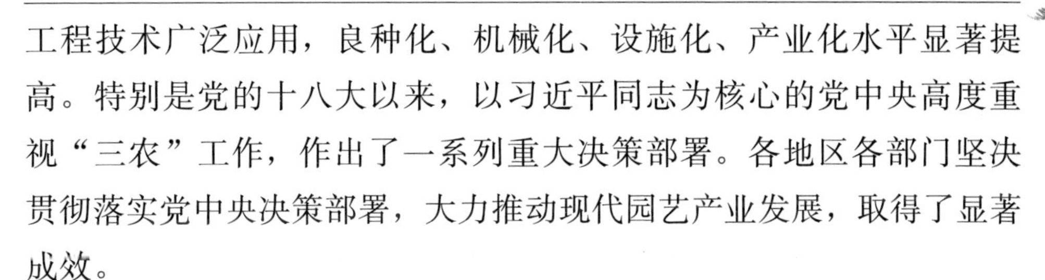

工程技术广泛应用，良种化、机械化、设施化、产业化水平显著提高。特别是党的十八大以来，以习近平同志为核心的党中央高度重视“三农”工作，作出了一系列重大决策部署。各地区各部门坚决贯彻落实党中央决策部署，大力推动现代园艺产业发展，取得了显著成效。

二、现代栽培技术的兴起

现代园艺栽培技术的兴起，开启了我国园艺产业发展的崭新篇章。党的十八大以来，以习近平同志为核心的党中央把发展现代农业作为实施乡村振兴战略的重要内容，作出了一系列重大决策部署。在各级党委政府的高度重视和广大园艺工作者的共同努力下，我国现代园艺产业呈现蓬勃发展的良好态势。

20 世纪 50 年代，全国农业发展纲要明确提出“因地制宜地发展多种经营，大力发展副业生产”，园艺产业开始步入现代化发展的“快车道”。这一时期，良种选育、栽培管理、植保机械等研究不断深入，为现代园艺技术体系的构建奠定了坚实基础。20 世纪 80 年代，随着改革开放的全面推进和乡镇企业的蓬勃兴起，专业化、规模化、产业化成为园艺产业发展的时代主题。陕西大荔、山东寿光、广东三水等一大批设施农业基地如雨后春笋般涌现，产业规模和科技水平均跃上了一个新台阶。进入 21 世纪，现代生物技术研究不断取得新突破，分子标记辅助育种、脱毒组培快繁、转基因育种等生物育种技术广泛应用，培育出了一大批适应性强、抗逆性好、丰产优质的园艺新品种，品种结构发生了深刻变革[①]。

信息技术与园艺的融合，催生了智慧园艺的崛起。近年来，以互联网、物联网、云计算、大数据、人工智能等为代表的现代信息技术广泛应用于园艺生产的各个环节，极大提升了园艺生产的信息化、智能化水平。以设施园艺为例，通过对温室环境和作物生长参数的

① 王德宝，王柏林，王希真，等. 中国蔬菜育种 60 年及展望 [J]. 中国蔬菜，2009(18)：18—25.

实时监测，借助智能控制系统对灌溉、施肥、通风等实施精准调控，不仅仅提高了设施利用率和资源利用效率，而且明显改善了园艺作物的产量品质。

工程技术的进步为园艺生产装备的现代化升级提供了强大动力。随着农业工程学科的快速发展和机械化、自动化技术的不断进步，从土地平整、深松整地到精量播种、设施栽培，从植保机械、采后处理到产地预冷、冷链物流，园艺生产全程机械化成为可能。近年来，我国政府高度重视农机装备创新，持续加大农机购置补贴力度。多功能园艺机械、高效植保机械、智能化育苗设备等现代园艺装备不断涌现，为提升园艺生产效率和园艺产品品质提供了有力保障。农业机械化和园艺生产的高度融合，不仅仅改变了传统园艺作业方式，而且极大促进了园艺生产力，推动了劳动密集型园艺产业向技术密集型、资本密集型转变。

现代园艺是多学科交叉融合的结晶。以作物学为例，从最初的品种选育拓展到种质资源挖掘、分子设计育种、雄性不育系选育等诸多领域，极大丰富了现代园艺遗传育种的手段；以土壤学为例，从单纯关注土壤理化性状发展到聚焦根际微生态、养分运移、污染修复等多个方向，显著提高了园艺土肥水管理的科学化水平；以生态学为例，从早期强调个体与环境的关系发展到注重种群、群落、生态系统的协同演化，园艺生态工程日益成为现代园艺产业的重要特征。多学科交叉融合是现代园艺发展的必然要求，对于创新现代园艺理论、革新传统栽培模式、优化产业发展路径具有十分重要的现实意义。

当然，我国现代园艺产业发展也面临诸多困难和挑战：科技创新能力还不强，关键核心技术受制于人；优质专用品种少，主要农资对外依存度高；标准规范体系不健全，品牌影响力有待提升；产业融合度不高，农产品加工转化率偏低；城乡二元结构矛盾突出，要素资源配置效率有待提高。

三、未来发展趋势

未来，我国园艺产业发展正迎来前所未有的历史机遇。随着现代科学技术的快速进步和人民生活水平的不断提高，园艺生产正向着信息化、智能化、生态化、融合化方向加速演进。

随着以互联网、大数据、人工智能等为代表的新一代信息技术的崛起，数字园艺、智慧园艺正成为引领现代园艺产业变革的新引擎。在数字园艺领域，通过卫星遥感、无人机等数字化测绘手段，可精准获取园艺作物长势、土壤墒情、病虫害发生等关键信息，实现园艺生产可视化管理、精细化作业。在智慧园艺领域，利用云计算、大数据等技术手段对海量园艺生产数据进行分析挖掘，可为农事决策、资源优化配置等提供精准服务，园艺生产正加速迈向“看得见、算得准、管得好”的智能时代。随着农业物联网建设的不断推进，越来越多的传感器、控制器、执行器遍布园艺生产各个环节，极大提升了园艺生产信息采集、传输、处理和应用能力，推动园艺生产逐步实现远程诊断、自动控制、定量管理。

长期以来，我国园艺生产存在着过量施用化肥农药、过度开发利用资源的问题，农业面源污染、生态系统退化等现象日益凸显。发展生态园艺、绿色园艺，遵循园艺作物生长发育规律，践行绿色生产方式，是破解资源环境难题、推动园艺产业可持续发展的必由之路。未来，节本增效、清洁生产、循环利用将成为现代园艺产业发展的鲜明主题。测土配方施肥、生物农药替代、秸秆还田、水肥一体化等绿色生产技术将在园艺生产中得到更加广泛的应用，产地废弃物资源化利用、基质无土栽培等生态高效技术模式也将不断涌现。发展循环园艺、立体园艺，构建生产型、生活型、生态型三位一体的农田园艺生态系统，对于促进农业绿色发展、助力美丽中国建设具有重要的战略意义。

多元融合创新发展，是激发未来园艺产业新活力的重要路径。

随着乡村振兴战略的深入实施和城乡融合发展的不断推进，一二三产业在园艺领域深度交叉、多元并存、协同发展的新格局将加速形成。现代种业、智慧农业、生态旅游、文化创意、康养服务等新产业新业态将不断涌现，推动园艺产业加快向多功能、全产业链、高附加值方向转型。“生产 + 加工 + 流通”现代农业产业园、“农业 + 文化 + 旅游”田园综合体等新模式将成为现代园艺产业发展新亮点，为园艺从业者拓展就业空间、促进农民持续增收提供了广阔空间。

设施装备现代化提速，是夯实未来园艺产业发展新基础的必然选择。设施园艺在提高土地产出率、提高农产品供给保障能力、促进农民持续增收等方面发挥着不可替代的作用。我国设施园艺起步较晚，但发展势头迅猛。当前，我国设施园艺仍以简易日光温室、塑料大棚为主，在环境调控、水肥管理、废弃物处理等方面还有较大提升空间。未来，随着农业科技创新力度的不断加大，高端智能温室、植物工厂等现代化设施装备将不断涌现，进一步拓展设施园艺的时空维度，推动园艺生产向集约化、工厂化方向发展。同时，机械深耕、精准播种、水肥一体化等先进适用装备将在园艺生产中得到更加广泛的应用，有力推动园艺作业向机械化、自动化、智能化升级，为提升园艺生产效率、改善园艺产品品质提供坚实保障。

品种选育生物育种加速，是把握未来园艺产业发展新方向的关键环节。品种是农业的“芯片”，育种创新是引领现代园艺产业变革的源头活水。我国是园艺作物品种资源大国，野生种质资源十分丰富，地方品种各具特色，但存在育种周期长、优质专用品种少、抗逆性差等问题。未来，随着生物技术研究的不断深入，分子设计育种、全基因组选择、基因编辑等现代育种技术将得到更加广泛的应用，极大提升育种效率，有望带来园艺品种更新换代的“换挡提速”。利用分子标记辅助选择，可加快优异基因的鉴定和聚合；利用转基因技术，可将外源优良基因导入园艺作物，培育抗病虫、耐逆境、优质高产的新品种；利用基因编辑技术，可精准清除或插入目的基因，培育适应未来极端气候变化、满足市场多元需求的定制化品种。现代生物育种技术必将推动园艺品种选育从经验式向数据驱动、从随机选择向定向创新、从劳动密集向科技引领加速转变，为未来园艺产业发展注入源源不断的新动能。

综观园艺作物栽培发展历程，从原始采集到精细栽培，从自给自足到商品生产，从传统农艺到现代园艺，人类在探索园艺生产规律、改善园艺作物生产条件、提升园艺产品供给能力等方面不断创新、持续进步。新时代园艺产业发展正面临着前所未有的机遇和挑战。我们要立足基本国情，把握时代主题，坚持创新驱动、融合发展，强化科技支撑，注重生态导向，发挥品种优势，完善基础设施，健全利益联结机制，加快构建现代园艺产业体系、生产体系、经营体系，不断开创现代园艺事业发展新局面。

第二章　园艺作物生长发育与环境调控

深入认识园艺作物生长发育规律，准确把握光、温、水、气、肥等环境因子对园艺作物生长发育的影响机制，加强环境调控技术集成创新，是推动园艺生产转型升级、促进园艺产业高质量发展的关键所在。本章将围绕园艺作物生长发育基本规律、主要环境因子调控等内容展开论述，重点分析光照调控、温度调控、水分调控、土壤条件调控等措施对促进园艺作物生长发育、提高产量品质的作用，以期为优化园艺生产条件、改善园艺产品供给能力提供理论指导和实践参考。

第一节　园艺作物生长发育规律

生长发育规律是指园艺作物从种子萌发到植株成熟的生命活动过程中所表现出的客观规律。本节将重点分析园艺作物生长发育各阶段的主要特征，阐述不同器官、组织、细胞分化活动的内在联系，揭示内外环境因素对园艺作物生长发育的调控作用，力求为优化栽培措施、促进园艺作物健康生长提供理论依据。

一、种子萌发与幼苗建成

种子萌发和幼苗建成是园艺作物生长发育的起始阶段，对于确保苗期健壮、提高成苗率、夯实高产优质基础具有十分重要的意义。

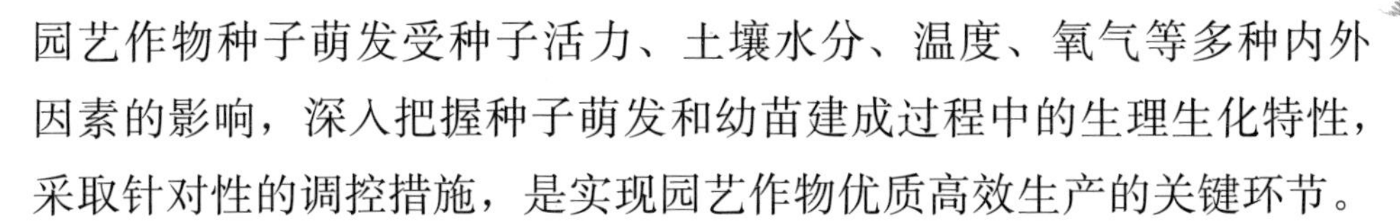

园艺作物种子萌发受种子活力、土壤水分、温度、氧气等多种内外因素的影响，深入把握种子萌发和幼苗建成过程中的生理生化特性，采取针对性的调控措施，是实现园艺作物优质高效生产的关键环节。

种子的萌发是指种子吸水、膨胀、胚根突破种皮的过程。种子萌发时的吸水过程通常分为三个阶段：物理吸水阶段、延迟吸水阶段和生理吸水阶段。在物理吸水阶段，种子迅速吸水，种皮和胚迅速膨胀，体积明显增大，但尚未发生明显的生理生化反应；在延迟吸水阶段，种子吸水速度减慢，但种胚中酶活性升高，生理生化反应逐步加快；在生理吸水阶段，种子大量吸水，代谢急剧加强，胚根突破种皮，种子进入萌发期。可见，种子吸水是萌发的先决条件，只有吸水充分，才能为种子膨胀和胚根突破种皮提供必要的水分。

温度在调控种子萌发过程中也发挥着不可忽视的作用。每种园艺作物种子都有其特定的发芽温度范围，低于发芽温度或高于发芽温度，种子都不能正常萌发。一般来讲，发芽最适宜温度比最适生长温度要低 5~10℃。比如，番茄、辣椒等喜温蔬菜，发芽最适宜温度为 25~30℃；甘蓝、萝卜等喜阴蔬菜，发芽最适宜温度则为 15~20℃。在实际育苗生产中，应根据种子发芽特性，合理调控地温，避免过高或过低影响种子萌发。

氧气供应也是影响种子萌发的重要因素。在种子萌发过程中，胚根、胚芽等部位细胞分裂旺盛，呼吸作用强烈，必须有充足的氧气供应。当土壤紧实、渍水严重，土壤氧气不足时，种子萌发势必受到抑制。因此，苗床土壤应疏松透气，苗床地势应高于周围，既要便于排水防涝，又要利于保持土壤适宜的含氧量。

除上述因素外，种子的活力、营养物质含量、土壤酸碱度、光照条件等，也会不同程度地影响种子的萌发。种子的活力越强，营养物质含量越丰富，萌发所需的时间就越短，出苗率就越高；而种子活力较弱、营养不足，往往导致发芽延迟，出苗率就越低。土壤酸碱度与种子萌发的关系因作物种类而异，多数蔬菜喜微酸性土壤，但也有少数蔬菜如茄子、甘蓝偏爱微碱性土壤。光照与种子萌发的关系也表现出多样性，有些园艺作物种子萌发不需要光照，而有些需要充足光照才能萌发，如莴苣、芹菜等。因此，苗床土壤的酸碱度调节和遮光管理也是育苗期管理的重要内容。

总的来说，只有在适宜的水分、温度、氧气等环境条件下，种子萌发才能又快又好。然而种子萌发只是幼苗建成的开端，能否形成健壮的幼苗，还取决于子叶出土后的生长发育状况。子叶出土标志着幼苗期的开始，也意味着幼苗进入自养阶段，通过自身的光合作用制造养分。这个时期幼苗的茎叶和根系都处于快速生长阶段，植株体内的各种代谢活动十分旺盛，合理的水肥管理和田间管理显得尤为重要。

幼苗期的水分管理应遵循“见干见湿、慎浇慎晒”的原则。幼苗根系娇嫩，蒸腾弱，耐旱性差，既怕干旱缺水，也怕水分过多。盲目大水漫灌，土壤透气性降低，根系生长发育受阻；过度干旱则会造成叶片萎蔫，严重时还会导致植株死亡。因此，应视苗情及时补充水分，做到随干随浇、浇透浇匀。同时幼苗期应注意遮光，避免阳光暴晒，引起土温升高、空气湿度降低，加剧幼苗失水。幼苗期也要避免全光下育苗，以免徒长，易感病虫害。

幼苗期的施肥以薄肥勤施为宜，切忌一次性施用大量肥料。幼苗根系脆弱，吸肥能力有限，过量施肥不仅不利于幼苗吸收，反而会因渗透压升高而伤害幼苗根系。可采取穴施或浇施稀释的速效肥料，既能满足幼苗生长需求，又能避免肥害发生。氮、磷、钾肥配比要适当，偏施氮肥易造成徒长，偏施磷钾肥则不利幼苗生长。微量元素也要适量补充，尤其是铁、锰、硼等容易缺乏的元素。

幼苗期还应注重苗床通风，降低空气湿度，预防苗期病虫害发生。可通过隔行种植、合理密植等措施，既避免通风透光不良，又能提高土地利用率。定期耕除杂草，不仅能够疏松土壤、改善通气条件，遇到阴雨天气还应及时排水，避免田间积水，造成渍害。

幼苗生长到一定阶段后，部分园艺作物需进行移栽。移栽是幼苗发育的关键时期，如果移栽不当，就会延缓幼苗生长进程，甚至导致成活率下降。移栽时要选择阴天或下午进行，带土移栽，覆保护膜减少根系损伤和蒸腾失水。合理密植，科学整枝，有利于幼苗尽快恢复生长，完成从幼苗期向青苗期的过渡。

由此可见，只有深入把握种子萌发特性，遵循幼苗生长发育规律，加强关键环节调控，才能保证种苗健壮，促进植株早发快发，进而为后期高产优质奠定坚实基础。这对于提升园艺作物育苗效率，发挥品种潜力，实现规模化生产具有十分重要的现实意义。

二、营养生长阶段

园艺作物完成种子萌发和幼苗建成后，进入青苗阶段，标志着植株开始大规模生长。这一时期，随着光合作用的逐渐增强，植株体内合成大量的糖类、蛋白质、核酸等物质，根、茎、叶等营养器官都处于快速生长阶段。把握园艺作物营养生长的基本规律，针对不同器官、组织的生长发育特点，采取有针对性的栽培调控措施，对于提高肥料利用效率、增强植株抗逆性、提升产量品质至关重要。

根系在园艺作物营养生长中起着至关重要的作用。根系是吸收水分和养分的主要器官，根系的生长发育状况直接关系到地上部分生长状况。根系生长需要一定的有机养分、激素等物质的供应，因此在幼苗阶段就要注重培育健壮的根系。苗期合理控水控肥，避免氮肥过量导致徒长，适当偏施磷钾肥，有利于根系生长。随着植株不断生长，根系逐渐由主根向侧根、须根分化，根冠逐步形成。这一时期要注意培土，以保持土壤疏松，利于根系伸展。同时还要避免大水漫灌，造成土壤板结影响根系呼吸。花果类作物定植后应及时疏除部分徒长枝，削弱养分向枝梢的运输，促进根系生长。立秋节气后要控制氮肥和水分供应，促使光合产物向根系转移，提高根系的贮藏能力，增强植株越冬能力。

茎在植株体内起着支撑、输导的重要作用。茎的伸长速度和粗壮程度与产量品质密切相关。茎的生长发育主要表现为茎的伸长生长和茎的粗度生长。在幼苗阶段，由于细胞分裂旺盛，植株主要表现为伸长生长，茎秆细弱，抗倒伏能力差。这一时期应加强磷钾肥的供应，适当控氮促磷，既能促进植株早发，又能防止徒长，还能促进茎秆木质化，提高抗倒伏能力。进入现蕾期后，随着生殖生长的开始，茎秆维管束进一步发育，茎的粗度生长加快。直至果实膨大期，茎秆才逐渐停止生长。这一时期要继续加强钾肥的供应，钾元素能够促进植株体内糖类的合成与运输，增强茎秆的机械强度。果树类作物在幼树阶段要加强整形修剪，促进主枝、侧枝的合理分布，有利于养分的输导与分配。成龄果树应在花芽分化前后加强磷钾肥的供应，既能改善树体营养状况，又能促进花芽形成。

叶片是植物光合作用的主要场所，叶面积指数的高低直接影响植株的光合效率。叶片生长发育经历了由叶原基分化、叶片展开、叶片成熟的过程。叶原基多在茎尖分生组织中形成，然后逐渐分化、长大，直至叶片平展并最终成熟。其中，叶绿素合成不断加快，叶肉细胞数量迅速增加，光合作用逐渐增强。叶片展开初期主要依靠输入的养分来维持自身的生长，而展开后期主要靠自身光合产物来维持。这个阶段应适当追施速效氮肥，可以延缓叶片衰老，维持叶片光合能力。值得注意的是，叶片衰老脱落时也伴随养分的回流，叶片中积累的钾、镁等养分可以转移到根、茎等其他器官，为植株的越冬或再生长提供养分储备。

许多园艺作物在经济器官发育成熟之前都会经历一个养分贮藏阶段。这一时期应严格控水控氮，促使光合产物更多地转化为贮藏物质。适度采用土壤覆盖、果实套袋等措施，既能避免果实劣变，又能促进植株体内可溶性固形物的积累。

随着现代生物技术、信息技术、工程技术的快速发展，园艺作

物营养生长调控研究不断取得新突破。利用水肥一体化、配方施肥、测土配方等技术，可以实现养分的精准管理和高效利用；利用植物生长调节剂、农用杀菌剂、高效农药等，可以有效改善植株内源激素水平，提高抗病虫害能力；利用基因工程、分子标记辅助育种等技术，可以培育出纯合度高、遗传性状稳定的优良品种；利用智能温室、植物工厂等设施，可以实现环境条件的精准调控。未来，随着多学科交叉融合的不断深入，园艺作物营养生长的调控技术必将更加精准高效，为促进我国园艺产业的转型升级提供有力支撑。

三、生殖生长阶段

园艺作物生长发育的最终目的是完成生殖过程，实现种族的延续和遗传物质的传递。随着营养生长向生殖生长转变，植株体内发生了一系列复杂而有序的生理生化变化，物质能量逐渐由营养器官向生殖器官转移。这一时期通常包括花芽分化、开花授粉、果实发育等关键环节。深入把握生殖生长各环节的特点，针对不同作物采取相应的调控措施，对于提高坐果率、改善果品品质、实现丰产优质目标至关重要。

花芽分化是园艺作物生殖生长的首要环节。花芽分化受品种遗传特性和外界环境条件的双重影响。在适宜条件下，茎尖或腋芽分生组织在生长素、赤霉素等内源激素的调节下，逐步发育成花芽原基，继而形成完整的花芽。不同园艺作物对花芽分化所需的环境条件有不同的需求。一般来说，多数一、二年生蔬菜进入生殖生长期所需春化阶段较短，低温诱导花芽分化的作用不明显；而多年生果树大多需经历一个较长的春化阶段，一定时期的低温积累是花芽分化的重要诱导因素。值得注意的是，一些果树还存在花芽发育和休眠两个阶段，如核果类果树的花芽在秋季形成后很快进入休眠，翌年春天才继续发育并最终开花。为了促进花芽分化，在生产上要采取相应的调控措施。

如合理修剪、适度水肥控制等，促进园艺作物从营养生长向生殖生长转变。同时应适时进行环割、病虫害防治等，以解除花芽发育的限制因子。随着现代生物技术的发展，利用外源激素处理、外源基因导入等方法，可以在分子水平上对植株的花芽分化进程进行精准调控。

开花授粉是园艺作物生殖生长的关键时期。这一时期的主要栽培措施包括疏花疏果、人工辅助授粉、植物生长调节剂喷施等。开花期间要适度疏除畸形花、病虫花，为健康花朵提供更多的营养供应；同时还要加强通风透光，为昆虫传粉创造有利条件。对于自花不亲和或自然授粉条件较差的园艺作物，人工辅助授粉是提高坐果率的有效措施。对于番茄、茄子、辣椒等蔬菜和苹果、梨等果树来说都需进行人工授粉，确保花粉活性高、亲和力强，并掌握最佳授粉时间。喷施植物生长调节剂也能显著改善坐果情况。比如，对番茄、茄子等茄果类蔬菜喷施脱落酸类物质，可以显著增加花数，提高坐果率；对于葡萄来说，喷施赤霉素可以延长花穗，促进花芽分化，提高果实品质。总之，根据不同园艺作物的生物学特性，采取综合性栽培调控措施，从而保证良好的授粉受精效果，提高植株坐果能力。

果实的发育成熟是园艺作物生殖生长进程的最后环节，果实发育包括细胞分裂期、细胞迅速膨大期和果实成熟期三个阶段。细胞分裂期主要是子房发育成幼果的过程，这期间细胞数量迅速增加，但细胞体积较小，果实生长缓慢；细胞迅速膨大期则以细胞体积迅速增大为主要特点，细胞中淀粉、糖分大量积累，伴随着果实体积和重量的迅速增加；成熟期果实进入生理成熟或采收成熟阶段，果实中淀粉加速向糖类等可溶性物质转化，果实色泽、风味品质发生明显变化。针对不同果实发育阶段的特点，应采取相应的栽培调控措施。一般来说，幼果期应注重基肥供应，加强磷、钾等矿质营养供给，促进幼果迅速生长；膨大期应增施氮肥和钾肥，并适当补充水分，促进光合产物向果实运输；成熟期则要控制氮肥用量，防止果实徒长，影响品

质，同时还要做好采收前的病虫害防治工作，避免果实损伤或腐烂变质。另外，果实在发育过程中还会受到一些不良环境因子的影响，出现裂果、畸形果、小果等情况，这就需要采取相应的调控措施。比如，果实套袋可以减少裂果发生；喷施钙肥可以提高果实的抗裂性；利用植物生长调节剂可以提高坐果率，改善果形；适时采摘疏果，调节果实生长势，促进个大整齐。总之，在保证果实数量的同时，提高果实品质，是实现园艺作物栽培的根本目标。

此外，许多园艺作物的生殖生长过程中还伴随养分调运与积累、植株衰老与功能衰退等生理过程。养分调运是指植株体内碳水化合物、氮磷钾等矿质元素向生殖器官转移的过程。这个过程通常始于开花前后，一直持续到果实采收乃至植株衰亡。养分的大量转移，一方面满足了生殖器官发育的需求，但另一方面也必然消耗植株营养器官的贮藏，加速植株衰老进程。这种内在矛盾给园艺作物高产优质栽培带来了新的挑战。生产上要根据不同园艺作物的生理特点，合理平衡源库关系，在促进养分向生殖器官转运的同时，又要保持植株营养器官的活力，延缓植株衰老，最大限度发挥植株光合潜力。比如，对多年生果树来说，要加强修剪枝条，改善树冠光照条件，提高叶片光合能力；在幼果期，适度采取环割、剥皮等措施，可以限制养分向营养器官的转移；果实成熟期后及时采收，能够促进养分向根、枝等贮藏器官回流，为树体越冬和次年的生长积累能量。对于一年生蔬菜，则要把握花果期前后这一转折阶段，适度控水控氮，防止徒长，促进植株体内同化物向生殖器官转运；同时要做好病虫害防治，延长叶片功能期，增加产量。

第二节　光照调控技术

光照是园艺作物生长发育不可或缺的重要环境因子。合理调控光照条件，对于促进园艺作物光合作用、提高产量品质、改善植株抗性具有重要意义。本节将围绕光照强度、光周期、光质等方面，探讨光环境优化调控的主要技术措施，总结光照调控技术的研究进展与应用前景，旨在为园艺设施建设和栽培管理提供科学指导。

一、光照强度调控

光照在植物体内外能量转换、物质合成、形态建成等过程中发挥重要作用。植物通过光合作用产生维持生命活动所需的物质和能量，同时光照又参与调节内源激素的合成与平衡，进而影响植株的生长发育进程。光照条件的优劣直接关系到园艺作物产量水平和品质性状的高低。其中，光照强度作为光合有效辐射的重要参数，对园艺作物的光合效率、干物质积累、产量和品质等方面都有显著影响。深入认识光照强度调控的生理生态效应，加强光照强度调控技术的集成应用，是实现设施园艺环境优化调控、提升园艺作物综合生产能力的关键举措。

从光合作用的角度来看，光照强度直接影响植株的碳同化效率和物质生产能力。一般来说，随着光照强度的增加，植株的表观光合速率呈“S”形曲线上升，经过光补偿点和光饱和点，最终达到光合作用的最大值。超过这一阈值，过强光照不仅不能提高光合速率，反而会引起光合机构的破坏，导致光合效率下降。这一过程因植物种类、品种特性、生长阶段、叶片部位等因素而有所差异。比如，对于喜光蔬菜如番茄和辣椒，其光饱和点较高，一般为60000～80000LX，而喜阴蔬菜如茼蒿和苋菜的光饱和点较低，一般为30000～40000LX。同一植株不同部位叶片的光合能力也存在显著差异，通常上部叶片的光饱和点高于下部叶片。综上，在光照强度调控中，应根据不同园艺作物的光能利用特性，合理确定最佳光照阈值，既要满足高光效作物对光能的需求，又要避免低光植物受到过强光抑制。同时还要协调群体内外、冠层上下光照的均匀性，提高群体光能利用效率。在设施栽培中，可通过遮阳系统、反光膜、补光灯等

装置优化光照强度，确保作物能够均匀受到适宜的光照强度。

植物的许多形态性状如株高、节间长度、叶面积、叶片厚度等都会受到光照强度的影响，表现出不同的变化规律。随着光照强度的增强，植株个体生长会受到一定程度的抑制，植株较矮壮，节间缩短，根冠比降低；叶片较小而厚实，气孔密度增加，角质层发达，有助于减少蒸腾耗水，提高植株抗逆性。而光照不足，植株易发生徒长现象，茎秆细弱，倒伏风险加大；叶片趋于柔嫩，抗病性下降，不利于后期高产稳产。可见，加强苗期光照强度管理，既可防止植株徒长，又能培育壮苗，夯实高产优质的基础。果蔬类园艺作物的品质与光照强度的关系更为密切。光照有利于果实中糖分、维生素 C、花青素等营养物质的合成积累，提高果实色泽、风味、硬度等品质指标，延长货架期。比如，李子树的着色期若逢连阴雨天气，极易引起“涩李”的发生，即果实表面色泽褪淡、涩味明显。而通过人工补光或疏果等措施增加单果光照，可显著改善果实品质。又如，番茄色泽的形成与累积光照量密切相关，持续性弱光极易导致番茄“黄顶”的发生，影响商品性状。因此，在番茄等果菜类蔬菜生长发育中，应在保证产量的同时加强光照强度管理，促进果实着色，提高商品品质。

一般来说，植物体内生长素、赤霉素的合成受光抑制，而脱落酸、乙烯的合成受光促进。较弱光照有利于生长素向下运输，促进根系生长；而较强光照有利于生长素向上运输，促进茎叶生长。同时，光照强度还影响植物体内源激素的平衡，进而调节开花进程。弱光照植物在长日光条件下能正常开花，这可能与较弱光有利于生长素合成积累，并拮抗赤霉素活性有关；而强光照植物在弱日照条件下能正常开花，可能与较强光抑制生长素合成，促进赤霉素活性形成有关。以弱光照植物菊花为例，通过遮光处理营造较弱光照，可以抑制营养生长，促进花芽分化，实现菊花反季节栽培。总的来说，光照强度可以通过影响内源激素的合成、运输和平衡，调节园艺作物开花结实的生理过程，在设施园艺中前景广阔。

光温比即单位辐射能所对应的温度，是反映光能转化为热能效率的重要指标。一般来说，提升光照强度、降低环境温度，可提高光温比，有利于干物质积累；反之，较弱光照配合较高温度，则会降低光温比，导致同化物过多消耗。因此，加强光温比调控是设施园艺环境优化的关键所在。夏季，设施蔬菜普遍存在徒长、落花落果等问题，这主要是由通风散热不畅、温度过高所致。此时应加强通风、遮光，降温，同时辅以二氧化碳施肥、叶面喷施等措施，以提高光合效率。冬春季节设施蔬菜则易发生徒长、软弱等问题，这主要是由光照不足、温度偏低所致。此时可通过地膜覆盖、热风机加热等措施，在保证光照的基础上适当升温，以协调光温比。

光照强度调控与水分营养供应的关系同样值得关注。光合作用需要充足的水分供应，而蒸腾作用会消耗大量的水分，因此光照与水分存在互馈调节机制。一般情况下，较强光照会提高叶温，加剧蒸腾耗水，若水分供应不足则会影响气孔开度，进而限制二氧化碳进入叶片，导致光合速率下降。反之，过量灌溉又会造成土壤经常处于过湿状态，加剧呼吸消耗，引起根系缺氧，最终导致植株生长受阻。同样，光合作用的强弱又取决于氮磷钾等矿质营养的供应水平。较强光照需要充足的氮、磷、钾等元素参与酶促反应，过量施肥则易造成体内养分失衡、病虫害多发等问题。因此，在光照调控的同时，应合理调控水分、肥料，平衡源库关系，最大限度地发挥光合潜力。可利用水肥一体化、养液管理等技术，实现光、水、肥的精准调控，满足作物生长发育需求。

二、光周期调控

光周期是指植物在 24 小时内接受光照的时间长度，也称光照时数或日照时数。不同园艺作物对光周期的响应差异显著，表现出不同的光周期反应类型。一般可分为长日照植物、短日照植物、中性植物

等类型[①]。在园艺生产实践中，光周期调控主要通过人工延长或缩短自然日长，经由植物内源激素合成、活性、平衡的改变，诱导开花进程，调整植株生长发育，进而实现园艺作物周年化生产和提质增效。深入研究不同园艺作物对光周期的响应规律，加强光周期调控技术的应用与集成，对于发挥良种潜力、拓宽种植时空范围、提升综合效益，推动设施园艺产业升级具有重要意义。

目前，植物体内生长素和赤霉素的合成、运输、互作是调控开花诱导的关键环节。具体而言，在长日照条件下，生长素合成受到抑制，极性运输加快，而赤霉素合成增多，两者比值降低，有利于成花激素的合成积累，促进开花；反之，短日照条件下生长素合成增多，运输减慢，赤霉素合成减少，两者比值升高，则会抑制开花。值得注意的是，不同光周期类型作物的临界日长有所不同，超过或低于此值均难以诱导开花。同时，不同作物的感光阶段也存在明显差异，通常在幼苗期更为敏感。因此，光周期调控要把握关键时期，遵循适宜范围，结合不同作物特性，因“种”制宜、精准施策。

光周期调控与春化处理、激素调节等密切相关，协同促进园艺作物开花坐果。春化是指一些植物经过一定时期的低温处理后获得开花能力的现象。马铃薯、大蒜、大白菜等均属春化型蔬菜，需要一定时期的低温积累才能正常开花结实。实践中可将光周期调控与春化处理相结合，促进开花进程。如茄子常采取秋季育苗、冬季弱光春化、春季延长日照的“冬育春催”措施，既满足了春化需求，又兼顾了光周期诱导，从而实现早春采收。此外，光周期调控与外源激素施用形成互补，可进一步拓宽调控幅度。比如，对黄瓜、番茄等喷施赤霉素，可在短日照低温条件下诱导坐果，减少落花落果。

光周期调控对提升园艺作物产量品质、促进提质增效有显著影响。一方面，通过优化光周期条件诱导花芽分化，可显著提高坐果

① 伊华林，熊鑫磊，赵念芳，等. 植物光周期调控研究进展 [J]. 安徽农业科学，2020，48(3)：6—11.

率，增加单位面积产量。另一方面，适宜光周期有利于提高光合效率，加速同化物积累，改善果实品质。以番茄为例，番茄属于日中性植物，但在较短光周期（8 ～ 10h）条件下坐果率更高，而延长光照时数则有助于提升糖度、硬度等品质指标。因此，大棚番茄春季宜适度遮光促花保果，夏季则应注重延时补光，方能兼顾产量与品质。黄瓜喜好较长光周期（14 ～ 18h），合理延长光照不仅可提高雌花率，增加单株坐果数，还能缓解弱光症状，促进光合产物向瓜果运输，提升商品性状。

光周期调控与光质、光强等存在复杂的交互作用，协同构建最佳光环境是实现园艺作物高产优质的关键。一般来说，光质与光周期的匹配极为关键。短日照植物在短日低蓝光或短日低红光条件下容易开花；而长日照植物在长日高蓝光或长日高远红光环境下更易诱导开花。这主要是由于特定光质组合更有利于关键激素的合成或活性。因此，实践中应根据不同作物需求，调整最佳光质组合，优化光周期效应。同样，光强也是影响光周期调控效果的关键因子。通常情况下，较高光强可在一定程度上替代长日效应，而弱光更有利于短日诱导效应的实现。这可能与光合产物合成、分配及其对内源激素的调节作用有关。在实际生产中应根据作物需求，综合考虑各因子影响，动态优化调控策略，方能充分发挥光周期调控增产增效的功效。

光周期调控与温度、湿度、二氧化碳浓度等密切关联。比如，低温环境更有利于短日照植物春化诱导，而高温条件利于长日照效应的实现。大气湿度也会影响气孔开度等生理过程，进而调整光周期反应。此外，二氧化碳浓度的高低直接关系到光合效率，并对光周期敏感性产生影响。由此可见，仅就单一环境因子调控而忽视多因子的耦合互作，难以真正实现设施环境的精准调控。这就要求在光周期调控中，立足植物生长需求，协同好温、湿、气等环境因素，构建多因子集成调控模式，最大限度发挥设施环境优势，实现园艺作物产量、品质、效益的统一。

三、光质调控

光质是指太阳光谱中不同波长光的相对含量及其组成，是影响园艺作物生长发育的关键生态因子之一。不同光质对植物体内光合色素的组成、酶促反应的活性、内源激素的合成与平衡都有显著影响，进而调整植株形态建成、开花进程、品质形成等多个生理过程。因此，深入分析不同光质的生理生态效应，加强光质调控技术的应用与集成，对于优化设施光环境、提升园艺作物综合生产能力具有重要意义①。

在太阳光谱中，参与植物光合作用和形态建成的主要是波长为 400 ～ 760nm 的可见光。其中，红光（630 ～ 760nm）和蓝光（430 ～ 460nm）对植物的生长发育尤为关键。一般来说，红光更有利于促进植物茎叶徒长，而蓝光更利于叶片展开和根系伸长。这主要是由于红光、蓝光调控了植物体内生长素的合成与运输。在较高红光环境下，植株顶端分生组织中生长素含量增加，向下运输加快，从而促进茎节间延长；而在较高蓝光条件下，生长素向下运输受阻，茎秆伸长减缓，但叶片和根系的生长素含量相对较高，有利于叶片展开和根系生长。由此可见，合理调控红光、蓝光比例，可有效协调地上部和根系生长，优化植株形态，为提高产量品质奠定基础。

绿光（500 ～ 565nm）虽不能被叶绿素直接吸收利用，但在植物光形态建成中也发挥着重要作用。一方面，绿光对光合色素合成具有重要调节功能，适量绿光照射有助于类胡萝卜素向叶绿素转化，提高光合效率。另一方面，绿光穿透力较强，可有效补充植株下部的光合有效辐射，缓解群体内部的弱光胁迫。研究表明，绿光与水分利用效率密切相关，绿光分量较高时气孔导度提高，蒸腾速率加快，有利于提升植株的水分利用能力。可见，适度提高绿光比例，在促进植株光合效率、优化群体光分布的同时，还可兼顾水分高效利用。

① 徐昌杰，张其德，赵传杰，等 . 光质对设施园艺植物生长发育的影响及其调控技术的应用 [J]. 山东农业科学，2016，48(11)：15—20.

远红光（700 ～ 760nm）虽非光合有效辐射，但对调节植物内源激素平衡、诱导形态发生具有独特功效。研究表明，植物光敏色素——植物蛋白对红光和远红光的吸收存在动态平衡，这种平衡影响了下游信号传导，进而调控植物的生长发育。总的来说，较高红光与远红光的比值有利于活性植物蛋白的积累，抑制茎秆徒长；反之，较低的红光与远红光的比值则有利于非活性型植物蛋白的形成，促进茎长和叶面积增加。这一机制在设施园艺尤其是苗期管理中广泛应用。比如，对番茄、黄瓜等苗期适度补充远红光，可诱导茎秆徒长，提高苗龄，促进苗木成熟；而采收期增加远红光照射，有助于果实着色和品质提升。因此，立足不同作物不同生育期的需求，动态匹配红光和远红光，对优化植株形态、提升光能利用效率至关重要。

紫外线（280 ～ 400nm）虽然能量较高，但在植物体内的累积较少，生理效应相对温和。但紫外线对植物次生代谢产物的合成与累积具有重要的诱导与调节作用。一般来说，适量紫外线辐射可促进类黄酮、花青素等植物色素的合成，显著提高植物色泽；同时还能诱导植保素、多酚等化合物的积累，增强植株抗性。研究发现，UV-B 辐射可通过调节 VfPAL 等关键酶基因的表达，促进花青素的合成代谢，从而提高果品着色。UV-B 照射还可诱导番茄、甜椒等果实中维生素 C、类胡萝卜素、番茄红素的积累。因此，现代设施园艺应重视紫外光的补充利用，在盛花期和果实膨大期适度增加紫外光照，可显著改善园艺产品感官品质和营养价值。

值得注意的是，特定波长的单色光对某些园艺作物的生长发育往往具有关键性作用。比如，激发态叶绿素的荧光发射峰位于 680 ～ 690nm，补充该波段光源可显著提高番茄、黄瓜等作物的光合效率和产量。又如，UV-C 波段对病原菌具有明显的杀灭作用，适度补充 UV-C 波段可有效抑制番茄灰霉病、草莓炭疽病等设施病害的发生。由此可见，发掘不同波长单色光的特异功能，对指导科学补光、精准调控植物生长和果品形成具有重要意义。这需要植物生理学、光

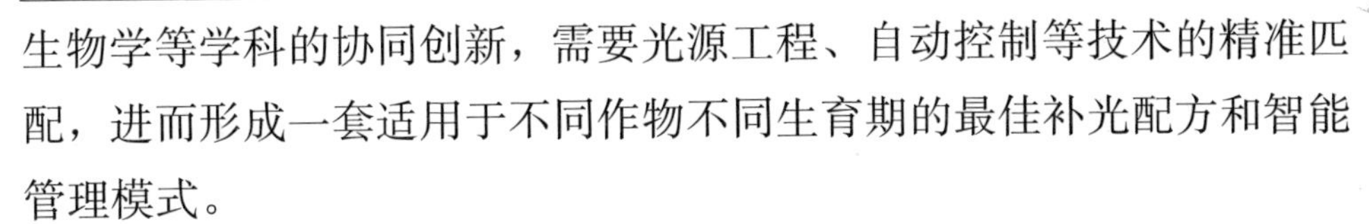

生物学等学科的协同创新，需要光源工程、自动控制等技术的精准匹配，进而形成一套适用于不同作物不同生育期的最佳补光配方和智能管理模式。

不同光质的生理生态效应往往受到光强、光周期等其他光环境要素的影响。一般来说，弱光环境下光质的调控效应更为显著，而强光条件下较为有限；长日照环境更有利于体现不同光质组合的效应，而在短日照条件下光质调控的空间相对有限。因此，在实际生产中应统筹考虑各种光环境要素的影响，协同光强、光周期等进行光质优化，发挥 1+1+1>3 的综合增效作用。以番茄育苗为例，苗期弱光环境适度补充蓝光，可显著抑制徒长，压低苗高，提高苗木素质；后期适当增加红光比例，并适当延长光照时间，则更有利于苗木充分生长，最终培育出适宜定植的壮苗。由此可见，任何单一光环境要素的调控都难以达到理想效果，只有多因子集成、动态优化，方能充分发挥光质调控在设施生产中的增产增效功能。

随着现代光源、信息技术的快速发展，光质调控手段日益多元。从最初的滤光膜覆盖到染色塑料薄膜，再到各色荧光灯管组合，光质调控工具不断升级，调控精度不断提高。近年来，LED 光源凭借其光谱可调、效率较高、使用寿命长等特点，在设施园艺中得到了广泛应用。通过动态调节 LED 光源的光谱组成，可实现苗期、开花期、果实膨大期等不同时期的精准补光；利用智能传感与反馈系统，并根据植株冠层光谱实时优化光源输出，在最大限度节能增效的同时，还能实现光质的精准管控。未来，光质调控将向集成化、智能化、专业化的方向发展。

第三节　温度调控技术

温度是制约园艺作物生长发育的关键生态因子。本节将重点阐述温度对园艺作物生长发育的生理生态效应，分析主要园艺作物的临

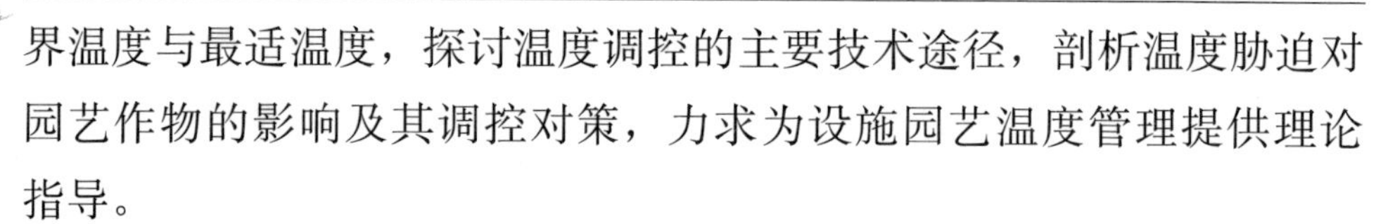

界温度与最适温度，探讨温度调控的主要技术途径，剖析温度胁迫对园艺作物的影响及其调控对策，力求为设施园艺温度管理提供理论指导。

一、温度需求与调控原理

一般来说，喜温作物如番茄、黄瓜等，生长发育适温为20～30℃；而喜凉作物如甘蓝、油菜等，生长发育适温为15～25℃。温度过高或过低都会对园艺作物产生威胁，进而影响产量和品质。因此，准确把握园艺作物的温度需求特性，加强温度调控，对于发挥品种潜力、稳定提高产量品质至关重要。

从生理代谢的角度来看，温度对园艺作物光合作用和呼吸作用的影响尤为关键。一般而言，温度升高会加快酶促反应速率，提高光合效率和呼吸强度。但温度超过一定阈值后，过高的温度会破坏酶的活性中心，导致代谢紊乱。研究表明，番茄、黄瓜等喜温蔬菜的最适光合温度为25～30℃，最适呼吸温度为15～25℃。超过30℃，番茄的光合速率明显下降，呼吸速率急剧上升，同化物大量消耗，产量和品质受到不利影响。甘蓝、菠菜等喜凉蔬菜的代谢适温则较低，通常为15～25℃，但其耐高温能力相对较差。可见，超过代谢适温，过高的呼吸温度消耗会导致同化物亏缺，引起产量下降。因此，生产中应根据不同作物种类，动态调控温度条件，将环境温度维持在代谢适温范围内，最大限度发挥光合潜力，提高产量水平。

从内源激素的角度来看，温度对植物生长素、赤霉素、脱落酸等激素的合成、运输和分配有显著影响。一般来说，高温有利于生长素和赤霉素的合成积累，且生长素向植株上部运输加快，从而促进茎叶徒长；而低温会抑制生长素的合成与运输，但有利于增加根系内的生长素含量，从而促进根系生长。温度变化还影响植物体内Source-Sink关系，进而调节光合产物的运输分配。研究发现，低温条件下

番茄体内IAA和GA含量降低，但ABA和CTK水平提高，植株体内同化物向根系转运增加，库强度增大。因此，苗期适当降低温度，可显著提高番茄幼苗根冠比，培育壮苗。相反，成苗后适当升高温度，则有利于开花坐果。可见，运用内源激素理论指导温度调控，对优化源库关系、促进植株平衡生长具有重要意义。

从物候发育的角度来看，温度对园艺作物生长发育进程的影响主要通过积温体现。积温是指在一定时期内，日平均温度高于某一温度起点的积累值，是判断园艺作物发育进程的重要指标。不同园艺作物完成某一生育阶段所需积温存在明显差异。比如，番茄从播种到成熟一般需要1200～1500℃·d的积温，而甘蓝从播种到成熟通常只需800～1000℃·d的积温。在生产实践中，可根据不同作物品种的积温需求，合理安排播期和定植期，调控温度条件，使作物在最适宜的时令下完成生育进程，实现产期调节。同时，积温的动态变化还影响作物的生长速率和营养生长时间。高温下，植株发育进程加快，营养生长时间缩短，容易引起早衰，导致产量下降。反之，低温条件下植株发育进程减缓，营养生长时间延长，但可能影响花芽分化，造成晚熟或不能正常结实。可见，基于积温理论，动态调控不同生育阶段的温度条件，对实现园艺作物生产的早熟化、抗逆性至关重要。

从生态适应的角度来看，不同园艺作物的耐热性和耐寒性存在显著差异。一般来说，茄果类蔬菜耐热性较强，最高可耐受40℃左右的高温；而十字花科蔬菜耐热性较弱，最低可耐受-10℃左右的低温。马铃薯、大蒜等需要春化过程，适宜在5℃～15℃低温条件下春化20～30d。有些地方品种如羊角椒、丝瓜则喜高温多湿环境，对低温较为敏感。生态适应性差异是园艺作物在长期进化过程中形成的，受多基因控制。实践中，应根据不同作物的耐热、耐寒特性，加强温度调控。同时，通过分子标记辅助选择等生物技术手段，可进一步挖掘和创制耐热、耐寒基因资源。

二、加温技术

加温是设施园艺环境调控的重要手段，对于克服自然界低温限制因素，拓宽园艺作物种植时空范围，实现反季节栽培和周年化生产具有重要意义。尤其是冬春季节，在自然光温条件下难以满足茄果类、瓜类等喜温果蔬和观赏植物对温度的需求，因而加温成为设施生产不可或缺的关键措施。当前，随着设施农业规模化、标准化进程的加快，加温技术的节能化、智能化水平不断提升，为设施园艺产业的提质增效、转型升级提供了有力支撑。下面结合不同类型设施的特点，阐述当前加温调控的主要技术途径及其应用要点。

对于日光温室而言，加温主要通过热风机、暖风炉和热泵等主动式加温设备实现。热风机是利用燃油、天然气、电能等燃烧产生热量，通过风机将热空气送入温室，从而使温室升温的一种设备。热风机加温均匀、见效快，已在我国北方日光温室中得到广泛应用。但热风机能耗较高，温室局部易出现高温死角，因而要注重合理布局，避免苗床、幼苗等敏感部位直接受热风影响。暖风炉则是利用煤炭、生物质燃料等在炉体内燃烧产生热量，通过埋设在温室内的导热管网加热土壤，同时利用土壤向上辐射棚内加热空气的一种设备。暖风炉加温虽然均匀性稍逊于热风机，但热效率更高，运行费用低，且能兼顾土壤加温，具有较好的综合效益。近年来，随着煤改气、煤改电工程的实施，热泵技术凭借其清洁、高效、环保的特点，在日光温室中得到推广应用。地源热泵、空气源热泵可有效利用浅层地热能、大气热能，实现高效制热，且无燃烧污染，运行安全可靠，节能减排效果显著。但受限于前期投资较高等因素，热泵技术在日光温室中的推广仍面临一定阻力，有待进一步优化。总的来说，日光温室要根据设施条件、作物需求、能源禀赋等因素，合理选择热风机、暖风炉和热泵等主动式加温方式，优化设备布局，完善配套设施，最大限度发挥加温增产增效功能。

对于塑料大棚而言，加温以被动式为主，以小型主动式为辅。塑料大棚因其具有建设标准低、投资省、见效快等特点，已成为我国设施蔬菜的主体形式。但受限于造价、结构等因素，塑料大棚多采用被动式加温措施，如地面覆盖、小拱棚、热镀铝反光膜等。地面覆盖是指在棚内地表铺设秸秆、地布等保温材料，利用其良好的隔热、保湿性能，减少土壤热量损失，维持较高的地温，促进作物根系生长。小拱棚则是在大棚内搭建塑料薄膜拱棚，利用小棚内相对密闭的空间，减少热量散失，提高棚内温度。实践表明，小拱棚可使棚内最低温度升高 2 ～ 4℃，对早春育苗尤为关键。此外，在大棚两侧垂直悬挂热镀铝反光膜，可有效减少热量通过侧壁散失，且能将太阳辐射反射到棚内作物冠层，提高光能利用效率。这些被动式加温措施投资省、简便易行，在我国塑料大棚中得到普遍应用。但被动式加温调控的幅度和精准度有限，难以充分满足园艺作物生产需求。因此，随着太阳能热利用技术的进步，太阳能集热——储热系统开始在塑料大棚中推广应用。该系统白天利用太阳能集热器收集太阳辐射热，通过热交换装置储存于水箱。夜晚则将储存的热量释放，用于加温保温。该技术清洁环保、节能高效，但前期投资较高，技术要求严格，还需进一步优化完善。总的来说，塑料大棚加温应立足标准化提升，优化被动式保温措施，完善主动式加温设施，积极推广可再生能源利用技术。

对于植物工厂来说，加温调控已实现了高度智能化、精准化。植物工厂采用环境可控、高度密闭的设施，利用人工光源、空调系统、水培或基质栽培等现代设施装备，在相对封闭的环境下连续周年化生产植物产品。得益于其高度可控的特点，植物工厂可通过网络化的环境监测系统和自动反馈控制系统，精确调节生产环境的温度、湿度、光照等参数，使其处于最优范围，充分发挥作物生产潜力。就加温调控而言，通过温度传感器实时采集栽培室内的温湿度数据，结合设定的温度目标值，由中央控制系统自动调节空调制热量，同时优化风机回风量，多点送风，实现温度的精准调控。同时，植物工厂环境监测与调控系统多联网大数据云平台，可实现远程诊断、远程控制、故障预警等功能，大大提升了温度调控的智能化水平。但受限于高昂的建设和运营成本，植物工厂目前仅在部分叶菜类蔬菜和药食同源的植物栽培中得到应用，且多以中小规模为主，产业化水平有待进一步提升。未来，植物工厂应立足规模化发展，着力突破核心装备，优化生产运营模式，完善标准体系，加快成果转化，力争在特定园艺产品领域实现规模化应用。

三、降温技术

降温是设施园艺环境调控的另一重要方面，对于克服夏季高温危害，延长作物生育期，提高园艺作物产量品质具有关键作用。尤其是在我国南方地区，夏季阳光强烈，气温升高，致使设施内温度超过 30℃，严重影响茄果类瓜菜等作物的正常生长发育和产量形成。因此，如何有效降低设施内部温度，避免作物遭受高温侵袭，已成为设施园艺生产面临的突出问题。本文将重点分析遮阳、通风、水帘墙等降温技术途径，阐述其作用机制和应用要点，以期为设施降温实践提供参考。

遮阳是设施园艺降温的重要手段之一。遮阳可减少进入设施的太阳辐射，从源头上控制设施内部热量积累。当前，随着新型遮阳材料和自动化遮阳系统的发展，遮阳技术的降温效果和便捷性得到显著提升。就遮阳材料而言，铝箔遮阳网因具有反射率高、透气性好、耐老化等特点，在设施蔬菜中得到广泛应用。研究表明，40% ～ 50% 遮光率的铝箔遮阳网，可使日光温室内气温下降 4 ～ 6℃，极大缓解了植株的高温侵袭。近年来，随着纳米技术在涂层领域的应用，一些新型纳米反射涂料开始应用于温室遮阳。这类涂料以纳米二氧化钛等为原料，涂覆于温室表面后，可有效反射红外线辐射，且透光性能优

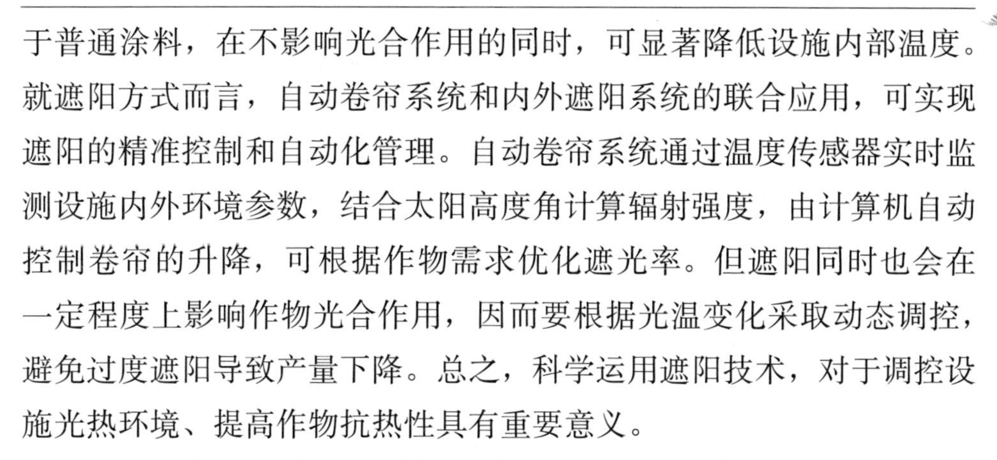

于普通涂料，在不影响光合作用的同时，可显著降低设施内部温度。就遮阳方式而言，自动卷帘系统和内外遮阳系统的联合应用，可实现遮阳的精准控制和自动化管理。自动卷帘系统通过温度传感器实时监测设施内外环境参数，结合太阳高度角计算辐射强度，由计算机自动控制卷帘的升降，可根据作物需求优化遮光率。但遮阳同时也会在一定程度上影响作物光合作用，因而要根据光温变化采取动态调控，避免过度遮阳导致产量下降。总之，科学运用遮阳技术，对于调控设施光热环境、提高作物抗热性具有重要意义。

通风是最为经济有效的设施降温途径。通风换气可加速设施内外热量与水汽交换，降低室内温湿度，改善作物生长微环境。自然通风是利用设施内外温差与风压形成的热压与风压作用，驱动室内外气流交换的一种通风方式。只需在温室顶部和侧墙开设天窗和侧窗，即可在温度较高时将室内热量排出。自然通风施工简单、运行费用低，在我国南方日光温室和塑料大棚中普遍采用。研究表明，当侧窗开启高度为 1.5m，屋顶开启率为 15% 时，日光温室内气温可较室外低 2 ～ 4℃。另外，机械通风是利用风机等动力设备，强制热空气与室外冷空气交换的通风方式。机械通风抗风能力强，通风效率高，尤其适用于体积较大的连栋温室。当室外风速较低时，机械通风优势更为明显。温室设计时应根据温室跨度、容积等参数，优化风机布局，合理配置风机功率，兼顾降温需求与能耗水平。同时还应加强自然通风与机械通风的协同优化，既发挥自然通风节能增效的优势，又利用机械通风的精准调控功能，实现通风降温的智能化管理。

水帘墙是一种蒸发冷却降温方式。水帘墙由湿帘、集水槽和水泵等部件构成，利用水蒸发吸热的原理，带走空气中的热量和水汽，产生冷却效应。当热空气通过湿帘时，热量被蒸发的水吸收，形成冷空气进入温室，从而起到降温增湿的作用。研究表明，水帘的冷却效率可达 60% 以上，温室内温度较室外温度低 8 ～ 12℃。同时，水帘降温可将空气相对湿度提高到 85% 以上，在干热风地区优势更为突出。水帘墙多布置于温室迎风侧，并在背风侧配置排风扇，形成从一端到另一端的连续气流，有利于冷热空气的充分换热。为充分发挥水帘墙降温增湿作用，应及时清洗水帘，避免泥沙杂质堵塞帘孔，影响散热蒸发。尤其在水质较硬地区，更要注意软化水质，防止水垢腐蚀水帘。此外，还应加强水帘墙与通风系统的联动控制，根据室内外环境参数变化，优化风机和水帘开启时段，在满足降温需求的同时，提高水资源和能源利用效率。水帘降温是近年来设施园艺领域的研究热点，其降温增湿一体化的特点，有望在干旱半干旱地区设施生产中得到推广应用。

此外，设施降温的根本出路在于节能。传统降温技术多依赖化石能源，而可再生能源利用水平还较为有限。为破解这一难题，应大力发展光伏、地热等清洁能源，并积极探索其与设施降温系统的耦合利用模式，在提升降温效果的同时，实现化石能源替代，减少碳排放。同时，还应注重被动式降温技术的开发应用，如新型保温隔热材料、绿色屋顶等，从源头上减少设施热量积累，降低有源降温能耗。目前，国内外均在积极开展近零能耗温室的研发，旨在最大限度提高可再生能源利用率，实现设施园艺的节能增效和低碳环保。

第四节　水分调控技术

水分是维系园艺作物生命活动的物质基础，在调节植株生长、改善产品品质、提高肥料利用效率等方面发挥着不可替代的作用。科学调控水分条件，对于发挥水资源最大效用，促进园艺产业节水高效、可持续发展至关重要。本节将围绕园艺作物需水特点、水分亏缺与过剩的影响等内容展开分析，重点阐述农业节水措施、水肥一体化技术等水分调控新理念新技术，旨在为园艺生产水分高效利用提供借鉴。

一、园艺作物需水规律

一方面，水分参与光合作用、呼吸作用等代谢反应，为植物体内物质合成提供原料。另一方面，水分作为植物体内物质运输的载体，对于植物体内各器官间养分运输至关重要。因此，深入认识园艺作物需水规律，加强灌溉管理，根据植株需水特点优化灌溉制度，是提高水分利用效率、促进作物健康生长的关键。

园艺作物需水量受多种因素影响，存在明显的动态变化特点。总体而言，不同生育时期园艺作物需水量差异显著。一般来说，园艺作物幼苗期根系发育不完整，蒸腾强度低，耗水量较小；开花坐果期植株体型较大，叶面积指数高，蒸腾蒸发旺盛，耗水量较大；而后期植株逐渐衰老，生理活性下降，需水量随之减少。以番茄为例，定植、开花期，坐果期、采收期的耗水量分别占全生育期的 20%、50% 和 30%。可见，把握不同生育时期的耗水规律，合理调控灌溉水量，是实现节水高产的关键。

不同的园艺作物种类需水性也存在明显差异。一般来说，瓜类、茄果类蔬菜需水量大，而根菜类、豆类蔬菜需水量小。这主要与植株的根系发育程度、蒸腾强度、体内含水率等生物学特性有关。研究表明，黄瓜、番茄等茎叶呈疏松状、蒸腾强度大的作物，每生产 1kg 干物质需耗水 290kg 左右；而萝卜、马铃薯等根系强壮、体内含水率低的作物，每生产 1kg 干物质需水量可降至 200kg 以下。此外，种类间需水特性差异也不容忽视。抗旱型因气孔导度低、叶片角质层发达等特点，单位面积蒸腾速率较低，耗水量一般可较常规种类降低 10% ～ 20%。因此，在生产实践中应根据不同园艺作物种类和品种特性，制定差异化的灌溉方案。

土壤环境状况对园艺作物需水量的影响不容忽视。不同土壤质地、容重、有机质含量等，其持水性存在明显差异。一般来说，黏质土的最大持水量可达 40% 以上，而砂质土仅为 10% 左右。在黏质土中，植物可吸收水分约占土壤含水量的 1/2 ～ 2/3；而在砂质土中，这一比例降至 1/3 左右。因此，在砂质土壤中，植株可利用的水分相对较少，需水频次要高于黏土。此外，在盐碱地、风沙地等非优质园地，由于土壤渗透性差、蒸发强度大，植株难以高效吸收利用土壤水分，需适当增加灌水量。因此，园艺作物需水规律与土壤环境密切相关，因地制宜确定灌溉制度至关重要。

大田环境下，气候条件对园艺作物需水量具有决定性影响。气温、光照、风速、空气湿度等通过影响植株蒸腾强度和土壤水分蒸发，进而影响作物需水量。在高温、强光、大风、干旱等环境下，作物蒸腾蒸发加剧，耗水量随之增加。反之，在低温、多云、微风、高湿环境下，作物耗水量则显著下降。以巨峰葡萄为例，高温干旱的库尔勒地区，每亩全生育期需水量可达 800 ～ 900m³；而气候温和湿润的济南地区，每亩仅需 400m³ 左右。可见，立足当地气候条件，动态调控灌溉时间和水量，是提高大田条件下水分利用效率的关键所在。

设施环境下，园艺作物需水规律更为复杂。一方面，得益于遮阳、通风、保温等设施调控，植株蒸腾耗水强度小于大田。另一方面，设施条件下空间有限，布局紧凑，单位面积蒸耗水量却较大。不同设施类型条件差异也十分明显，显著温室由于密闭性强，室内小气候调控效果佳，所用水呈均匀、稳定等特点；而日光温棚由于缺乏主动式环境调控手段，需水量常随大气候波动较大。此外，基质耕、水培等栽培技术的广泛应用，极大改变了设施传统“土植根”的需水方式。比如，草莓槽高架基质栽培模式下，植株直接生长于培养基中，培养基的持水性能直接决定了灌溉水量和频次。因此，设施环境下，应根据栽培方式、设施类型、环境调控水平等，精准把握作物需水特点，构建精准化设施灌溉调控模式。

二、灌溉方式与管理

合理的灌溉管理可有效调控土壤水分状况，改善作物根域环境，进而促进植株健康生长，提高产量和品质。针对园艺作物，灌溉管理应立足其独特的生物学特性和栽培模式，因地制宜选择灌溉方式，动态调整灌溉时间和水量，最大限度地发挥水资源的利用效率。

大田露地条件下，漫灌、沟灌、喷灌是应用较为广泛的几种灌溉方式。漫灌是利用地表径流，使水均匀漫流于田间的灌溉方法。这种方法施工简便、见效快，但极易造成土壤板结，水资源浪费严重，已逐渐被其他灌溉方式所取代。沟灌是在畦面开挖灌水沟，利用水流渗入畦床的灌溉方法。沟灌较之漫灌灌溉均匀性有所提高，但技术要求较高，需严格控制田间地势平整度和灌水流量。大田蔬菜生产中，沟灌仍是目前使用较多的灌溉模式。喷灌是利用可移动或固定管道输水，经喷头雾化后洒水于作物和土壤表面的灌溉方法。喷灌水量相对较小，有利于频繁补充土壤水分，且均匀性较高，但前期投资大，技术性强。随着节水农业的推进，喷灌在蔬菜、瓜果等高档蔬菜生产中的应用日益普及。实践中应根据作物种类、土壤质地、地形条件、水源状况等因素，优选合理的灌溉方式。同时，注重灌水定额管理，掌握全生育期总需水量，合理确定灌水定额，并根据土壤墒情和作物长势及时调整灌溉时间，避免过量或不足灌溉影响产量品质。

设施条件下，滴灌日益成为园艺作物的主要灌溉模式。滴灌是利用管道输水，经过滴头在作物根部缓慢、少量、均匀供水的局部灌溉方法。水通过毛管力向土壤深层和周围扩散，可使土壤水分长期维持在田间持水量的 70% ～ 80%，既满足了作物生长发育需求，又显著提高灌溉效率。相较于地表灌，滴灌可节水 30% ～ 50%，节肥 20% ～ 30%，增产 10% ～ 30%。滴灌技术自 20 世纪 90 年代引入我国后，在设施果菜生产中得到迅速推广，极大提升了设施园艺的资源利用效率。实践中，滴灌的管理要点包括合理设计灌溉系统，优化滴头布局，确保水量均匀分配。结合土壤水势和蒸发蒸腾变化，动态调控灌溉频次和定额，适时进行系统排泥、检修和更换，防止滴头堵塞影响灌溉效果。综上，滴灌对提升设施园艺水肥利用效率、促进产量品质提升具有重要作用。

基质栽培日益成为现代设施园艺的重要发展方向，其灌溉模式较土栽方式更为特殊。基质栽培是以无土或部分无土的固体培养基代替土壤，通过培养液补充养分和水分的一种栽培方式。在基质栽培中，培养液由灌溉系统直接输送至作物根系，水分养分得以精准调控。就灌溉方式而言，基质栽培主要包括滴灌和藤蔓式两种。其中，基质滴灌与土栽滴灌相似，通过滴头将培养液均匀滴淋在基质中，但灌溉频率通常更高。而在藤蔓式灌溉中，培养液沿藤蔓渗流，依靠重力作用流经培养槽内作物根系，多余培养液收集后再利用，实现水肥高效循环。基质栽培对灌溉水质要求较高，需严格控制 pH、EC、溶氧量等指标，同时，应加强病原微生物监测，定期更新和消毒培养液，避免病虫害发生。基质栽培模式在草莓、番茄、茄子等高档果蔬生产中应用日趋广泛，是提升劳动生产率、推进园艺设施化和工厂化的重要途径。

值得一提的是，水培作为一种培养液栽培方式，其灌溉管理更加精细化。水培是将植物根系直接生长于营养液中或以培养基为载体的无土栽培方式。因根系始终浸润在溶液中，植物可随时吸收水分和养分，水肥供应更加充分。水培对灌溉系统自动化程度要求较高，需进行溶液温度、pH、EC、溶氧量等参数的实时监测，并根据环境变化动态调整灌溉液配方。同时，要加强水培液中根系促生菌和植物病原菌等微生物区系监测，定期进行消毒灭菌。水培技术目前主要应用于叶类蔬菜和部分的食用药材生产，有利于获得优质、高效、安全的农产品。

近年来，干旱区滴灌、集雨灌溉、水肥一体化等先进灌溉技术不断涌现。干旱区滴灌通过地表覆盖和根区补灌相结合，在抑制土壤

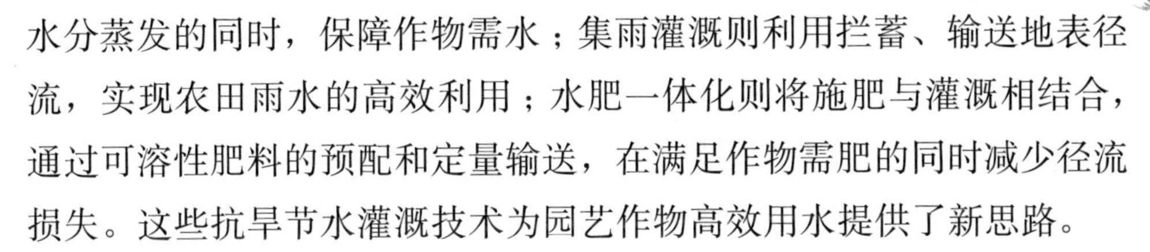

水分蒸发的同时，保障作物需水；集雨灌溉则利用拦蓄、输送地表径流，实现农田雨水的高效利用；水肥一体化则将施肥与灌溉相结合，通过可溶性肥料的预配和定量输送，在满足作物需肥的同时减少径流损失。这些抗旱节水灌溉技术为园艺作物高效用水提供了新思路。

科学的灌溉管理应立足农田生态系统，统筹兼顾作物、环境、资源等因素。比如，合理深松、整地可提高土壤蓄水保墒能力，减轻灌溉压力；测土配方施肥、水肥一体化等可提高肥料利用率，减少养分径流损失；病虫害的绿色防控可降低农药污染风险，提高灌溉水质。因此，灌溉管理要本着协调统一、多措并举的原则，将节水灌溉置于园艺作物可持续生产的大背景下统筹谋划，系统优化，集成创新。唯有如此，方能发挥灌溉在提高土地产出率、资源利用率、劳动生产率等方面的重要作用。

三、节水栽培技术

节水栽培是指在保证作物正常生长发育和较高产量的前提下，通过采取一系列农艺措施，最大限度减少农田水分蒸发蒸腾损失、提高水分利用效率的农业生产技术。随着我国农业水资源短缺矛盾日益突出，节水栽培已成为园艺作物生产中的重要发展方向。

园艺作物节水栽培的核心是通过调控“植物—土壤—大气连续体”中的水分运移，协调植物蒸腾耗水与土壤供水之间的关系，在满足作物生长发育需求的同时，提高水资源的利用效率。

合理密植是发挥群体增产优势、提高单位面积水资源利用效率的重要举措。传统稀植模式下，植株个体生长旺盛，蒸腾耗水大，而群体郁闭度低，田间蒸发损失多。而采取合理密植，可在保证个体适度生长的同时，迅速实现群体郁闭，减少田间蒸发，提高水分利用效率。番茄、辣椒、茄子等茄果类蔬菜，设施密植较露地稀植可节水 30% 以上。值得注意的是，过度密植易导致群体矮化、徒长，也会因通风透光差引发病虫害。因而，密植规格要因地制宜，宜疏不宜密。

自然状态下，园艺作物茎蔓过多过密，耗水大，且易引发病虫害。合理整枝修剪，疏除弱小病虫枝、衰老残叶，既能改善通风透光，减少病虫害发生，又能削弱冠层蒸腾，节约水资源。同时，整枝修剪有利于调节库源关系，将更多水分养分转运至果实等经济器官，提高产量品质。番茄嫁接苗三主茎整枝较四主茎可节水 15% 左右。因而，园艺作物节水栽培要把整枝修剪作为提质增效的关键抓手。

地表覆盖能有效减少土壤水分蒸发，是旱区园艺作物节水增产、提高水资源利用率的重要措施。覆盖材料主要包括地膜、秸秆、树叶等。地膜覆盖可减少土壤蒸发 70% 以上，增温保墒，促进作物生长，尤其适宜于旱风沙区。秸秆覆盖则具有改善土壤结构、提高蓄水保墒能力的功效，并可抑制杂草丛生，受到农户欢迎。树叶覆盖能形成疏松的土壤表层结构，削减农田径流，提高雨水利用率。西北旱区苹果园应用秸秆覆盖，可节水 30%，增产 15% 以上。可见，因地制宜采取覆盖措施，是旱区园艺作物节水栽培的关键环节。

水肥一体化是将施肥与灌溉相结合，通过可溶性肥料的预配和定量输送，在满足作物养分需求的同时减少径流损失的肥水高效利用技术。传统施肥多集中于基肥和追肥，易造成肥料大量淋失，水分利用率低。水肥一体化则通过将肥料溶于灌溉水中，借助毛细管力和渗透作用，使肥水同步运移，提高肥料利用率的同时，也能减少灌溉用水量。番茄、黄瓜设施滴灌水肥一体化较地表漫灌可节水 40%，氮磷钾利用率提高 30% ～ 50%。

精准水分定量管理是节水栽培的核心环节和重要基础。过去生产中普遍存在靠天吃饭、看天浇地的现象，缺乏科学的灌溉制度，容易造成水资源浪费。目前，基于作物蒸腾模型、土壤水分传感器等技术，已能实现番茄、辣椒等作物全生育期水分需求诊断和灌溉量的定量控制，水分利用效率大大提高。泰安利用番茄茎流 MFIS 模型指导

灌溉，可节水 20%，增产 15%。可见，精准水分定量管理是园艺作物节水栽培提质增效的必由之路。

第五节　其他环境因子调控

除光、温、水外，大气湿度、二氧化碳浓度、风速等环境因子也会对园艺作物的生长发育产生重要影响。加强多环境因子的协同调控，有利于充分发挥园艺作物的生产潜力，实现产量、品质、效益的协同提升。本节将重点分析大气湿度调控、二氧化碳施肥、防风设施建设等措施对园艺作物的作用效果，阐述多环境因子优化调控的研究进展与发展趋势，为园艺生产提质增效提供参考。

一、湿度调控

湿度是影响园艺作物生长发育的重要生态因子，对植株体内水分状况、营养物质运输、光合作用效率等生理过程具有显著影响。大气相对湿度直接关系到植物体内水分散失的快慢，进而影响气孔开度、蒸腾速率、光合效率；而土壤水势决定了根系吸水能力的大小，进而影响体内水分平衡、营养运输和代谢强度。适宜的空气湿度和土壤水势，可维持植株体内外水分的动态平衡，保障各项生理活动的正常进行。反之，空气湿度过低或过高、土壤水势亏缺或过饱和，都会对作物的生长发育产生不利影响。因此，加强湿度环境调控，维持适宜的空气湿度和土壤水势，对园艺作物的优质高产至关重要。

就大田条件下的湿度调控而言，促进土壤水分积累、提高田间小气候湿度是主要途径。一般通过深耕、免耕、秸秆还田等保墒措施，可有效增加土壤蓄水量，提高土壤水势，缓解土壤水分亏缺对作物的胁迫。同时，采取合理密植、林草复合种植等农艺措施，可显著提高田间郁闭度，减缓近地面风速，降低水分蒸发，维持较高的空气湿度。但是，过高的空气湿度会影响作物的光合作用和蒸腾作用，易引发病虫害。因此大田条件下，应重点提高土壤持水能力，维持适度的空气湿度，但要防止过度封闭导致通风透光不良。

设施条件下，得益于周年可控的生产环境，湿度调控的精准性和灵活性大大提高。就调控手段而言，以通风、喷雾加湿为主，局部结合内遮阳、顶部散热、外遮阳等措施协同优化。通风换气可及时排出棚内多余水汽，是湿度调控的基础手段。自然通风棚多采用顶开侧卷、前后开门等被动通风方式，而机械通风棚可通过风机排湿，湿度调控更为精准。然而，在寒冷干燥的冬春季节，单纯通风往往会造成棚内湿度骤降，加重蒸腾失水。因此需要喷雾加湿与之配合，通过雾化器将水雾化成细小液滴，提升棚内空气湿度。实践中应根据棚型、作物需求等，优化喷头布局和工作参数，既要满足增湿需求，又要避免局部积水滴水。同时，在温湿度过高时，可采取内遮阳、顶部散热、外遮阳等多种降温措施，抑制水分蒸发，维持适宜的湿度水平。可见，设施湿度调控需统筹兼顾，动态优化，将各项调控手段有机结合，互为补充，协同发力。随着物联网、大数据等现代信息技术在设施园艺中的广泛应用，湿度调控的信息化、智能化水平必将不断提升，为园艺作物优质高效生产提供有力支撑。

植物工厂采用多级空调系统对湿度进行集中控制，并通过湿度传感器实时监测生产环境和植株冠层的湿度变化，由中央电脑根据设定自动调节参数，多点循环送风，使栽培室内湿度分布均匀。同时，超声波加湿等现代设施装备的应用，可显著提高加湿效率和适用性。在高科技手段加持下，植物工厂可实现湿度环境的精准调控，最大限度满足作物生长需求。但受限于高昂的建设成本和技术门槛，植物工厂目前仍处于起步示范阶段，主要应用于苗圃育苗、药材生产等高附加值领域，大规模推广仍面临诸多挑战。未来，植物工厂若要在园艺产业中发挥更大作用，必须进一步强化核心技术创新，优化运营管理模式，完善标准规范体系，加快科技成果转化，切实提升综合效益。

值得一提的是，园艺作物体内激素水平与空气湿度密切相关。

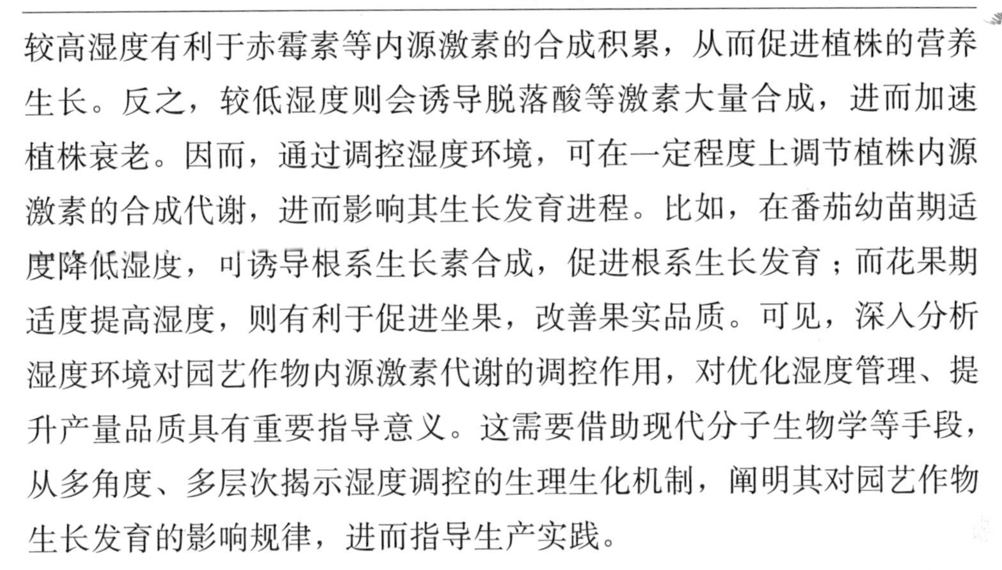

较高湿度有利于赤霉素等内源激素的合成积累，从而促进植株的营养生长。反之，较低湿度则会诱导脱落酸等激素大量合成，进而加速植株衰老。因而，通过调控湿度环境，可在一定程度上调节植株内源激素的合成代谢，进而影响其生长发育进程。比如，在番茄幼苗期适度降低湿度，可诱导根系生长素合成，促进根系生长发育；而花果期适度提高湿度，则有利于促进坐果，改善果实品质。可见，深入分析湿度环境对园艺作物内源激素代谢的调控作用，对优化湿度管理、提升产量品质具有重要指导意义。这需要借助现代分子生物学等手段，从多角度、多层次揭示湿度调控的生理生化机制，阐明其对园艺作物生长发育的影响规律，进而指导生产实践。

事实上，湿度调控与光、温、气、水、肥等多种环境因子密切关联，对园艺作物生长发育的调控作用是多方面的、系统的。比如，较高的光照和温度会加速蒸腾耗水，加剧湿度亏缺；充足的水肥供应则有利于缓解干旱胁迫，提高体内水分状况；而二氧化碳浓度提高会诱导气孔关闭，减少蒸腾失水。因而，优化调控湿度环境，必须统筹兼顾光、温、气、水、肥等多重因素，进行系统设计、综合施策、动态优化、协同发力，才能真正实现园艺作物产量、品质、效益的同步提升。这需要农学、生理学、生态学、信息科学等多学科交叉融合，从植物生长发育和环境资源高效利用的角度，加强湿度调控的基础理论研究；聚焦湿度环境的感知、调控、优化等关键环节，突破智能传感、自动控制、大数据分析等核心技术瓶颈；完善湿度调控的标准体系，构建多环境因子协同调控的园艺作物生产新模式。

二、大气成分调控

大气作为园艺作物生长发育的重要环境基质，其化学组成对作物的光合作用、呼吸作用等生理过程具有显著影响。大气成分调控主要是通过改变二氧化碳、氧气等关键气体的浓度，创造有利于作物生长发育的大气环境，进而实现产量和品质的提升。尤其在设施条件下，得益于相对封闭的环境和精细化管理条件，大气成分调控已成为提高园艺作物单产、改善品质、促进抗逆的重要手段。深入分析大气成分动态变化规律及其对作物生理生态过程的影响机制，加强大气环境的优化调控，对于发挥设施园艺增产增效优势、推动农业绿色发展具有重要意义。

就二氧化碳调控而言，适度增施二氧化碳可显著促进光合作用，提高干物质积累，是设施园艺增产的重要途径。大气中二氧化碳浓度通常维持在 300 ～ 400 μ mol/mol，而大多数园艺作物的最适光合二氧化碳浓度为 600 ～ 1200 μ mol/mol。当设施内二氧化碳浓度低于 300 μ mol/mol 时，会造成光合底物不足，制约光合效率的发挥；当二氧化碳浓度升高到 1200 μ .mol/mol 以上时，又会引起气孔关闭、叶片褪绿等负面效应，导致光合速率下降。因而，二氧化碳调控应把握适宜浓度范围，根据作物需求精准控制。就调控途径而言，目前主要采取液态二氧化碳钢瓶充装、燃料燃烧发生等方式，各有利弊。钢瓶充装二氧化碳纯度高，可精准调控，但成本较高，多用于小型设施；燃料燃烧发生简便经济，容易实现，但二氧化碳浓度不稳定，气体杂质较多，多用于大型温室。生产中应结合设施类型、作物种类、生育阶段等，优选二氧化碳施用方式，动态优化施用浓度和时段。一般夜间和阴雨天气应停止施用，晴天光照充足时可适度增施，花果期和果实膨大期二氧化碳需求量较高，而幼苗期和成熟期施用量应适当降低。番茄、黄瓜等喜光蔬菜二氧化碳施用浓度可高达 1000 μ mol/mol，而甘蓝、菠菜等喜阴蔬菜以 600 ～ 800 μ mol/mol 为宜。总之，科学施用二氧化碳是设施园艺增产提质的关键举措，但应严格把控施用量，防止过量施用引发负面效应。

氧气浓度对园艺作物生长发育的影响也不容忽视。大气中氧气浓度约为 21%，而土壤中氧气浓度因土层、孔隙度等因素而存在明显差异，一般为 10% ～ 20%。当土壤氧气浓度低于 10% 时，作物根

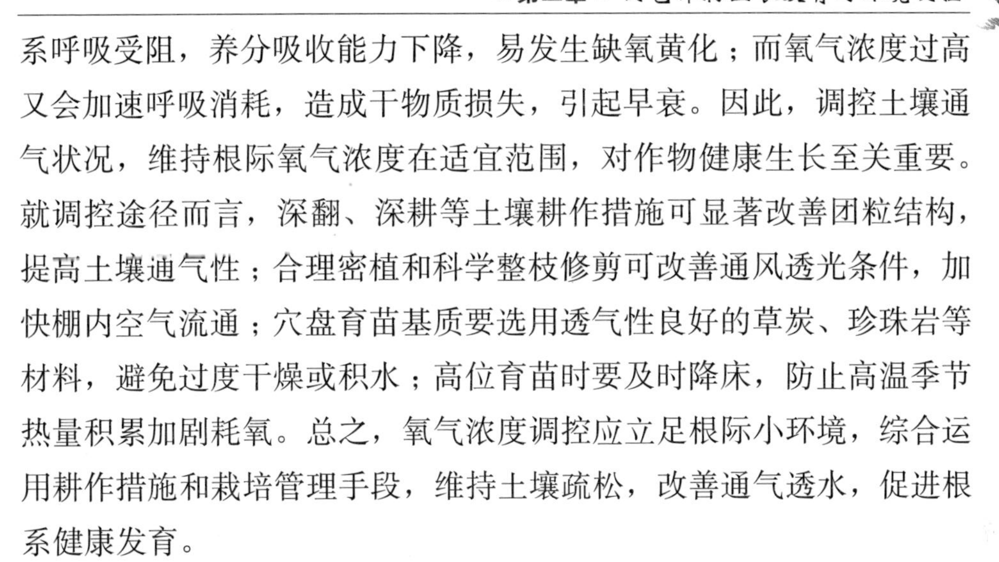

系呼吸受阻，养分吸收能力下降，易发生缺氧黄化；而氧气浓度过高又会加速呼吸消耗，造成干物质损失，引起早衰。因此，调控土壤通气状况，维持根际氧气浓度在适宜范围，对作物健康生长至关重要。就调控途径而言，深翻、深耕等土壤耕作措施可显著改善团粒结构，提高土壤通气性；合理密植和科学整枝修剪可改善通风透光条件，加快棚内空气流通；穴盘育苗基质要选用透气性良好的草炭、珍珠岩等材料，避免过度干燥或积水；高位育苗时要及时降床，防止高温季节热量积累加剧耗氧。总之，氧气浓度调控应立足根际小环境，综合运用耕作措施和栽培管理手段，维持土壤疏松，改善通气透水，促进根系健康发育。

需要指出的是，大气中二氧化碳、氧气并非独立作用，而是与光照、温度、湿度、风速等环境因子存在复杂的交互效应。光照是二氧化碳施用的前提条件，低光强下二氧化碳施用效果不佳，只有在强光下才能充分发挥二氧化碳促进光合的功效；而高温季节施用二氧化碳，会引起气孔关闭、蒸腾受限，易诱发生理性病害，因而要兼顾通风降温。同样，土壤温湿度也显著影响氧气的有效利用，低温高湿易造成土壤缺氧，温度过高又会诱导呼吸亢进，加重耗氧。风速过小，不利于二氧化碳扩散和氧气更新，风速过大又会加剧水分蒸发，破坏叶面边界层二氧化碳浓度梯度。由此可见，大气成分调控必须统筹光、温、湿、风等多重环境因子，协同优化，系统设计，才能真正发挥增产增效功效。这就需要借助现代信息技术手段，构建大气环境动态监测和智能调控系统，实现二氧化碳、氧气等关键指标的精准控制。随着物联网、云计算、大数据等现代信息技术在设施园艺领域的深度应用，多参数环境动态监测和多目标协同优化调控已成为可能。未来，大气成分调控必将向智能化、精准化、一体化方向升级，为园艺作物优质高效生产提供更加有力的支撑。

值得一提的是，大气成分与园艺作物品质形成也密切相关。二氧化碳浓度显著影响果蔬风味品质，适度增施二氧化碳可提高番茄、草莓等果实中可溶性固形物含量，改善色泽和硬度；同时还可诱导部分作物产生特殊风味物质。研究表明，经二氧化碳处理的甜瓜果实中的香豆素类物质含量显著升高，从而呈现出更加浓郁的香味；经氧气熏蒸处理的圣女果，促进了 β- 胡萝卜素等类胡萝卜素的积累，显著改善了色泽。由此可见，大气成分调控对提升园艺作物感官品质、促进特色风味形成具有独特功效。这为园艺产品的差异化、专用化生产提供了新的思路和手段。

三、气流调控

气流是影响园艺作物生长发育的重要环境因子之一，在调节植株体内外物质交换、二氧化碳补充、热量传递等方面发挥着不可替代的作用。风速过低，不利于植株蒸腾散热和气体更新，易引起叶面微环境恶化，加重病虫害发生；风速过大，又会加剧植株水分散失，引起机械损伤，导致落花落果。因此，加强气流调控，营造适宜的风环境，对于促进作物健康生长、提高产量品质至关重要。尤其在设施条件下，由于环境相对封闭，气流调控的针对性和精准性需求更为突出。深入分析气流变化规律及其生理生态效应，优化设施通风方式，强化气流调控措施，是破解当前设施“风障”的关键所在，对于提升设施园艺产业综合效益、推动农业高质量发展具有重要意义。

局部气流调控是提高植株小环境风速、优化植株体内外水热交换的重要手段。大棚蔬菜生产中，局部气流调控主要采取植株定向吹风、果实强制通风等措施。定向吹风借助地垄间布设的微型风机，在植株根部形成 270° 环绕气流，不仅可增强湿度调节，改善叶面微环境，而且可加快土壤水分蒸发，促进矿质养分运输。番茄、黄瓜等蔬菜地垄间布设微型风机，每 2 ～ 4m 设置 1 台，风速控制为 1.0 ～ 1.5m/s，每天间歇式运行 4 ～ 6h，可显著提高早春茬果实品质，降低畸形果发生率。此外，果实强制通风可有效打破果实表面温湿

度边界层，增加水分蒸发，加快热量耗散。研究表明，甜瓜果实成熟期，在果蒂基部微型风机吹风，风速 2 ～ 3m/s，每天通风 2 ～ 4h，可显著降低裂果率，提高商品性状。可见，局部气流调控具有投资省、见效快、效果佳的特点，设施蔬菜和瓜果生产中应用前景广阔。未来，随着 3D 打印、高分子材料等在微型风机领域的应用，局部气流调控装备必将向小型化、集成化、智能化方向升级，为提升设施生产效率和产品品质注入新的动力。

值得一提的是，气流调控与光、温、湿、二氧化碳等多种环境因子密切相关，对园艺作物生长发育的调控作用是多方面、多层次的。一方面，适宜的风速有利于改善温室热环境，白天可降低作物体温，缓解“失绿”症状，夜间可提高叶面温度，减轻低温危害；同时，气流扰动可加速水汽扩散，降低叶面湿度，在梅雨季节尤为关键。另一方面，合理的风环境可显著影响光合作用，中等风速有利于边界层二氧化碳补给，光合效率提高 10% ～ 30%；而过高风速会引起气孔关闭，光合速率下降。由此可见，风环境与光、温、湿、二氧化碳等密切耦合，风速过高或过低都会打破环境平衡，影响作物健康生长。因此，在气流调控实践中，必须统筹多种环境因子，进行系统设计、综合施策、量化调控，协同优化光、温、湿、气、二氧化碳等生产要素，打造适宜的花园小气候，真正实现设施园艺生产的提质增效。这就需要运用现代信息技术手段，构建设施环境智能监测和动态调控体系，实现风环境与光、温、湿、二氧化碳等要素的精准调控和协同优化。物联网、云计算、大数据等现代信息技术与设施园艺的深度融合，必将推动设施气流调控向信息化、智能化、一体化方向升级，为园艺作物优质高效生产提供有力保障。

综观园艺作物生长发育与环境调控，从生理过程到生态需求，从调控原理到实践措施，无不凸显环境因子的关键作用。光照强度、光周期、温度、水分、二氧化碳等直接影响光合效率、同化物转运、开花结实、品质形成等诸多生理环节，调节产量水平和品质性状的高低。而风速、湿度、氧气等通过影响气孔开度、蒸腾速率、呼吸代谢等，间接制约产量品质的提升。综观各类环境因子，既各有侧重，又彼此交织，对作物生长发育的调控作用是多方面、多层次、动态变化的。因而，园艺环境调控必须立足于作物需求，遵循环境因子间的互馈机制，统筹兼顾光、温、水、气、肥等多重因素，进行多目标协同优化，动态调控。

当前，现代农业发展已由产量导向转向绿色生态导向，优质园艺产品供给仍显不足。破解园艺生产“卡脖子”难题，推动产业提质增效，园艺作物环境调控责无旁贷、大有可为。未来，应立足多学科交叉融合，围绕提质、增效、强生态的目标，着力加强环境调控基础理论研究，加快实施精准调控关键技术攻关，完善多参数综合优化模式。

第三章　园艺作物的繁殖与育苗

园艺作物的繁殖与育苗是现代园艺产业的生命线，直接关系到产品质量和经济效益。在市场日益激烈的竞争环境下，稳定供应优质种苗已成为园艺生产者的头等大事。无论是对于传统蔬菜类作物，还是对于新兴设施花卉，选择合理的繁殖方式，严格把控育苗环节，都是保证园艺生产优质高效、促进产业可持续发展的关键。当前，我国园艺产业正处于提质增效、转型升级的攻坚阶段，对优良种苗的需求日益迫切。一方面，优质种苗是提升园艺作物产量和品质的基础，针对不同园艺作物的特性，采用科学的繁殖方式，生产出优良种苗，是实现园艺生产标准化、品牌化的前提条件。另一方面，园艺新品种的推广应用离不开规模化繁殖，高效的种苗繁育体系建设已成为园艺科技成果转化的“最后一公里”。可以说，搞好园艺作物的繁殖与育苗，对发挥品种优势、推动园艺产业升级具有十分重要的意义。

本章将系统梳理园艺作物繁殖的基本方式，重点阐述种子繁殖、无性繁殖、嫁接繁殖等主要技术，并结合园艺生产实际，详细论述播种育苗、扦插压条、组培快繁等关键环节的操作要点和质量控制措施，力求为园艺生产从业者提供一份实用的技术指南，为园艺产业发展提供坚实的种苗保障。

第一节　园艺作物的常见繁殖方式

园艺作物的繁殖方式主要包括有性繁殖和无性繁殖两大类。有性繁殖是以种子为载体的繁殖方式，具有操作简便、成本低廉、繁殖系数高等特点，在蔬菜类、花卉类等园艺作物生产中应用广泛。无性繁殖利用植株营养器官进行繁殖，可获得与母体遗传性状一致的后代，尤其适用于杂种一代繁殖和植株再生。本节将重点探讨园艺作物有性繁殖和无性繁殖的基本原理，并就二者在生产中的具体应用展开论述。

一、有性繁殖

有性繁殖是植物利用精细胞与卵细胞结合形成合子，再发育成种子，经萌发形成新个体的繁殖方式。在漫长的进化过程中，有性生殖的出现标志着植物开始有了遗传变异的可能，为植物的适应与进化提供了重要的物质基础。对于培育园艺新品种、丰富基因多样性，有性繁殖发挥着不可替代的作用。从育种的角度来看，通过人工定向选择双亲，开展杂交育种，再经历自交系分离、回交转育、基因重组等过程，最终培育出实用性状突出的优良品种，是现代园艺产业的重要技术支撑。

种子繁殖是园艺作物最普遍的有性繁殖方式，具有成本低廉、操作简便、繁殖系数高等优点。一粒种子蕴藏着亲本遗传信息的精华，经萌发生长，形成完整的植株个体，且具有亲本的部分可遗传性状。这种物美价廉的繁殖方式在蔬菜、花卉等园艺作物生产中得到广泛应用。以蔬菜为例，番茄、辣椒、茄子、黄瓜等茄果类蔬菜，生菜、油麦菜、香菜等叶菜类蔬菜，无一例外都以种子作为主要的繁殖材料。每年通过种子繁殖，培育出千以万计的蔬菜种苗，它们被源

源不断地输送到各地农田，成为保障“菜篮子”供给的坚实后盾。

花卉产业是园艺种苗发展的新兴领域。随着人们生活水平的提高和对美好生活的向往，观赏花卉市场需求持续升温。一朵朵绚丽多彩的鲜花，无不源自精心培育的种子。通过收集天然种群的种子材料，经系统选育，培育出各具特色的花卉品种，如F1代杂交彩色马蹄莲、高山金盏菊等新品种，既丰富了花卉品种资源，又推动了花卉产业的升级。近年来，组培育苗在花卉有性繁殖中得到推广应用，通过离体条件下的胚培养、胚乳培养、子房培养等技术，可获得大量的健康种苗，为工厂化育苗奠定了基础。

种子的萌发是种子繁殖的关键环节，直接影响园艺作物的出苗率和整齐度。只有当种胚充分成熟，胚乳养分积累充足时，种子才具备萌发的生理基础。在自然状态下，种子通常需经历后熟阶段，生理生化变化趋于稳定，达到萌发所需的生理状态。园艺生产中，常采用人工干燥、冷藏保存等方式，调控种子后熟进程，保持种子活力。值得关注的是，许多园艺作物种子具有休眠特性，即使处于适宜的温度、湿度、光照等环境条件下，仍不能正常萌发。这主要是由种皮、胚乳、胚等方面的原因引起的。比如，百合、牡丹等花卉种子的种皮坚硬致密，阻碍了水分进入，胚不能充分吸胀而导致休眠。对于这些难以萌发的休眠种子，可采取物理、化学、生物等多种措施人为打破休眠，以利于种子萌发。最常见的方法是种子层积处理，通过将种子置于低温、高湿的环境中，模拟自然界春季融雪的条件，使种胚从生理休眠中被唤醒。

尽管种子繁殖在园艺生产中占据主导地位，但其也存在一定局限性。比如，杂交一代优势不能稳定遗传，经种子繁殖后代会发生分离；种子繁殖周期较长，不能快速扩繁推广；部分园艺作物种子产量低、萌发率低，种子成本较高等。因此，在园艺生产实践中，经常将种子繁殖与如嫁接、扦插等无性繁殖技术相结合，优势互补，实现园艺作物的快速高效繁育。

种子质量是决定种子繁殖效果的关键因素。优质种子具有遗传基础稳定、净度高、发芽率高、活力强等特点，可显著提高育苗效率，保证苗木质量。因此，加强种子质量检验与管理，是做好园艺作物种子繁殖的基础性工作。种子检验的内容主要包括净度分析、水分测定、发芽试验、活力测定等。其中，净度分析是考察种子中夹杂杂质的含量及种类；水分测定有利于掌握种子含水量，判断种子是否适宜贮藏；发芽试验则通过测定在一定条件下能正常萌发的种子比例，评估种子发芽率；活力测定是通过考察种子的呼吸强度、酶活性等生理指标，判断种子的新陈代谢状况和潜在活力。通过系统的质量检验，并依据检验结果进行分级处理，将优劣种子区分开，确保优质种子供应充足，为园艺生产提供可靠的种苗保障。

二、无性繁殖

无性繁殖是不经过有性生殖过程，而利用植物营养器官进行后代繁育的方式。与种子繁殖相比，无性繁殖具有遗传性状稳定、繁殖速度快、操作灵活等特点，尤其适用于杂种优势固定和优良个体快速扩繁。在园艺生产中，无性繁殖是果树、茶树、药用植物、观赏苗木等经济作物优良品种推广应用的主要途径。

园艺作物无性繁殖的器官来源多样，主要包括根、茎、叶等营养器官。其中，茎是最常见的无性繁殖器官。扦插繁殖即利用植株茎段进行后代繁育的方式。茎段上的腋芽或不定芽在适宜条件下萌发生长，形成不定根和新梢，进而发育成完整植株。扦插繁殖操作简单，见效快，且能保持母本优良性状，目前已成为园艺生产中应用最广泛的无性繁殖方式之一。许多花卉植物如菊花、月季、三角梅等都以扦插作为主要繁殖手段。值得关注的是，扦穗质量是决定扦插成活率的关键因素。一般选择生长健壮、无病虫害的半木质化枝条作为插穗，并适度调控插穗水分、养分等状况，可显著提高扦插成活率。同时，基质环境对插穗生根壮苗有重要影响。以蛭石、珍珠岩等疏松、透气性能好的材料作育苗基质，并适时调控水分、光照等环境条件，有利于不定根形成和幼苗健壮生长。

压条和分根也是茎繁殖的重要方式。压条是将植株下垂枝条压入土中，在局部湿润和遮光条件下诱导不定根形成，待长出新芽后切断与母体的联系形成新植株的繁殖方法。压条多用于矮化密植果树苗木快繁，如矮化苹果、梨等，可显著缩短苗木生产周期，降低繁育成本。分根是依托根的萌芽力实现植株再生的方法。许多根系发达的园艺作物，如凤仙花、大丽花等，其块根可萌发不定芽而发育成新植株，是一种简便易行的无性繁殖方式。值得注意的是，压条和分根都是利用母本植株作为繁殖材料，因此母本植株的生长状况和遗传性状会直接影响繁殖效果。选择生长健壮、根系发达的优良单株作母本，可有效提高无性系成活率，确保品种的遗传一致性。

嫁接是将砧木与接穗人工愈合形成完整植株的繁殖方式，兼具有性繁殖和无性繁殖的优点，在园艺生产中应用极为普遍。嫁接苗通常由砧木根系和接穗地上部组成，砧木为苗木提供水分养分，影响苗木的抗性、矮化等性状，接穗则保持了目标品种的优良特性如果实品质、观赏特性等。嫁接繁殖的关键技术在于砧木选择、接穗采集、嫁接时间和方法把握等。以果树嫁接为例，对于苹果、梨等仁果类果树，多选用山定子、海棠等抗寒抗旱力强的种子砧，并在春季萌芽前后进行劈接；对于柑橘、葡萄等核果类果树，则常用枳砧、龙眼等无毒害、耐涝性强的砧木，多采用芽接等微型嫁接方式。值得一提的是，近年来随着生物技术的发展，组织培养和细胞工程在嫁接繁殖中得到应用。通过对接穗和砧木的胚、芽、茎尖等进行离体培养，再进行微嫁接，可实现植株的快速繁殖，提高嫁接苗木的产量和质量。这为优质果苗、桑苗等的工厂化生产提供了新的思路。

分株是利用植株分蘖特性进行简单快捷繁殖的方法，广泛应用于百合、水仙、风信子等鳞茎花卉，以及香蕉、菠萝等草本果树的苗木繁育中。分株繁殖通常在植株休眠后进行，将母株连同根系挖出，沿自然分蘖点将植株分切成小丛，即可作为独立的繁殖材料。分株苗遗传性状稳定，萌发整齐，且根系完整，苗木质量较高。但分株对母本植株的质量要求较高，需选择生长健壮、分蘖力强的植株作母本，否则会影响分株成活率和子株生长发育。此外，分株也易造成病虫害在母本间传播，因此采取分株时应注意母本检疫，避免将带病虫害的植株用作母本，影响整个无性系的健康生长。

组织培养是利用植物细胞的全能性在离体条件下快速繁殖植株的现代生物技术，具有繁殖速度快、繁殖系数高、苗木质量好、周年生产等优点。随着植物生物技术的不断发展，组培技术在园艺作物无性繁殖中的应用日益广泛。对茉莉、石斛、薰衣草等商品花卉，枸杞、丹参、黄芪等中药材，柑橘、葡萄、草莓等果树苗木，都实现了组培快繁的应用。值得关注的是，组培苗在出瓶移栽过程中容易炼苗不良，导致苗木成活率下降。因此，加强炼苗管理，适度控水、遮阴、保湿，提高组培苗抗逆性，是提高组培移栽成活率的关键举措。

总的来说，无性繁殖充分利用了植物营养器官的再生潜力，是实现园艺植物快速繁育的重要手段。扦插、嫁接、分株等传统无性繁殖方式，因其操作便捷、成本低廉、见效快等特点，仍是当前园艺生产中的主要繁殖方式。而组培等现代生物技术的应用，为园艺作物优良品种的规模化繁育提供了新的路径。在实际生产中，育苗从业者应根据不同园艺作物的生物学特性和生产目标，因地制宜地选择合适的无性繁殖方式，优化繁殖环节，提高繁殖效率，力求实现园艺优质种苗的规模化供应，为我国园艺产业高质量发展提供坚实的种苗基础。

三、组织培养繁殖

组织培养是在离体条件下，以植物器官、组织或细胞为外植体，通过人工调控培养条件，诱导其进行脱分化和再分化，进而形成完整

植株的一种现代植物繁殖技术。自 20 世纪 50 年代美国学者莫雷尔首次成功进行火鸢花的茎尖培养以来，组织培养技术在园艺作物无性繁殖中得到了日益广泛的应用。其基本原理是利用植物细胞的全能性，即在适宜的条件下，植物体内任何一个细胞都具有发育成完整个体的潜能。通过对培养基成分、植物生长调节剂配比等关键因子的优化调控，可诱导外植体形成愈伤组织，进而分化出不定芽、不定根，最终再生出完整植株。

园艺作物组培快繁具有诸多优势。一是繁殖速度快、繁殖系数高，能在较短时间内获得大量的优质苗木。以兰花组培为例，单个叶片外植体经 6 个月左右的培养，可诱导产生上百枚类似原母本的幼苗，年繁殖系数可达数十万株，远远高于传统的分株、扦插等方式。二是培养环境可控，不受季节、气候等自然条件限制，可实现周年化生产。三是操作环节无菌化，有利于获得无病毒、无病原的健康种苗。四是遗传性状稳定，可实现母本优良性状的快速复制。因此，组培技术是园艺植物新品种推广、无毒种苗培育、濒危种质资源保护的有力手段。

尽管组培技术优势明显，但其在园艺作物繁殖中的应用仍面临诸多挑战。首先，外植体的无菌化处理是组培成败的关键。外植体表面往往带有多种病原微生物，如不彻底杀菌，这些病原体会在培养基上迅速繁殖，污染培养物，导致培养失败。常用的外植体灭菌方法包括次氯酸钠浸泡、逐级酒精灭菌等，但灭菌时间和浓度把握不当容易损伤外植体而影响其再生能力。其次，培养基配方和培养条件的优化是影响植株再生的又一关键因素。不同种类、不同发育阶段的外植体，对培养基中无机盐、碳源、生长调节剂等成分的需求各不相同。培养条件如温度、光照、湿度等也需根据不同材料进行针对性调控。因此，组培工作需在实践摸索中不断优化，因“料”施“方”，才能获得理想的再生效果。再次，组培苗出瓶移栽是组培育苗的“最后一公里”，关系到组培苗能否成功转化为商品苗。由于组培苗生长在高湿、弱光、无菌的离体环境中，各项生理机能较弱，出瓶后极易出现叶片蜷缩、萎蔫、徒长等症状，严重时还会导致植株死亡。据统计，组培苗在炼苗移栽过程中的成活率平均低于60%，远低于扦插苗、嫁接苗等。因此，如何提高组培苗移栽成活率，已成为园艺作物组培产业化应用的瓶颈。

针对上述挑战，广大园艺工作者在组培实践中进行了诸多有益探索。在外植体灭菌方面，可采用多种灭菌剂联合使用的方法，如先用75%酒精快速杀灭外植体表面的病原体，再用0.1%升汞浸泡进行深层灭菌，可有效提高灭菌效果。同时，适度缩短灭菌时间，并在无菌水中漂洗以去除残留灭菌剂，可避免灭菌剂对外植体造成伤害。在培养基优化方面，可参照已有的经典配方，如MS、B5、N6等，并针对不同材料的特性进行适当改进。比如，在红掌的芽开发培养中，将MS培养基中的硝酸铵浓度降低至1/2，并添加1.0mg · L^{-1}6-BA和0.5mg · L^{-1}NAA，可显著提高芽的增殖倍数和壮芽率。而在沙棘茎段培养中，采用改良的WPM培养基，并结合多次继代培养，不仅芽增殖系数高达原先的28倍，而且植株再生率接近100%。此外，光照质量是影响再生效果的重要因素。龙血树的叶片外植体在红光诱导下可高效产生不定芽，而紫外光照射有利于其生根壮苗。值得一提的是，通过适时调控外植体的生长发育阶段，也可显著影响再生效果。比如，选用开花前的萼片作月季的外植体，其不定芽诱导率和增殖倍数明显优于其他时期。

组培苗移栽是组培育苗的关键环节。提高组培苗移栽成活率的措施主要包括以下几方面：一是加强组培苗自身素质，提高苗木抗性。可在生根培养基中添加木质素、石蜡等诱导植株木质化的物质，使组培苗茎基部充分木质化；同时，适度降低培养基的糖浓度和水分供给，诱导植株体内渗透调节物质积累，提高抗逆性。二是优化移栽基质，改善苗木生根环境。以泥炭、珍珠岩、椰糠等透气保水性能好的材料配制移栽基质，避免基质板结，利于不定根伸长；同时，

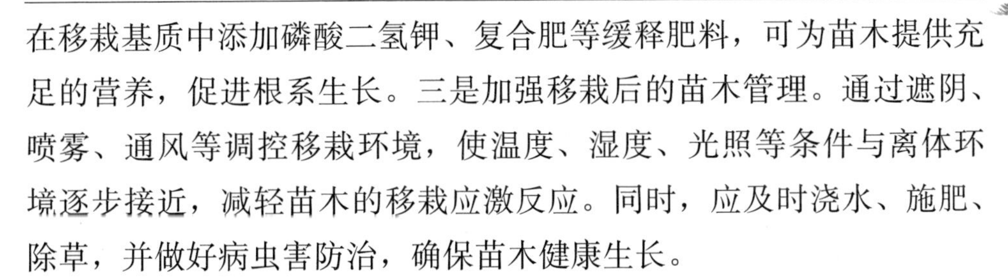
在移栽基质中添加磷酸二氢钾、复合肥等缓释肥料，可为苗木提供充足的营养，促进根系生长。三是加强移栽后的苗木管理。通过遮阴、喷雾、通风等调控移栽环境，使温度、湿度、光照等条件与离体环境逐步接近，减轻苗木的移栽应激反应。同时，应及时浇水、施肥、除草，并做好病虫害防治，确保苗木健康生长。

第二节　种子处理与育苗技术

种子是有性繁殖的物质基础，其品质优劣直接影响育苗效果和苗木质量。加工处理是提升种子品质的重要手段，采用物理、化学等方法，可有效去除夹杂物，提高种子纯度，打破休眠，促进萌发。育苗是园艺生产的首要环节，涉及基质配制、播种、幼苗管理等方面，直接决定种苗的成活率和生长势。本节将系统阐述种子净度分析、发芽率检验、休眠打破等种子加工处理技术，并结合不同园艺作物的特性，重点论述播种育苗的关键控制点和幼苗移栽技术要领。

一、种子质量评价与处理

种子是有性繁殖的基本单位，也是园艺作物种苗生产的物质基础。种子品质的优劣直接关系到育苗效果和苗木质量，进而影响整个园艺生产的成败。因此，种子质量评价与处理是园艺种苗生产的首要环节，其目的是通过一系列检验和处理手段，筛选出充实饱满、性状一致、生命力强的优质种子，为园艺育苗提供可靠的种了源。种子质量评价主要包括纯度鉴定、含水量测定、发芽试验、活力测定等内容，通过对种子的物理性状、生理特性等指标进行科学检测，客观评价种子品质。在此基础上，再采取净度处理、消毒处理、催芽处理等措施，进一步提升种子品质，促进种子萌发生长。

种子纯度是一定重量的种子中纯种子重量所占的百分比。纯度越高，表明种子中夹杂的杂质越少，品相越好。一般通过目测法、比重法、筛选法等手段进行种子纯度检验。比如，利用种子与杂质间的比重差异，用盐水选种可有效去除菜籽中的泥块、秕粒等杂质，使种子纯度提高 10% 以上。值得注意的是，有些园艺植物种子极为细小，常规方法不易将其与形态相似的草籽、尘土等杂质区分开来。这就需要借助放大镜、种子精选设备等进行辅助检验。比如，用 90 目筛网清选欧芹种子，再用 60 目筛网复筛，可使种子纯度达到 90% 以上。此外，有些种子表面结构与杂质相似度很高，用常规方法无法有效区分。针对这类种子的纯度检验，可采用溶液浸种的方法。如将西芹种子置于 5% 的盐酸溶液中，可将种子与草籽、虫卵等杂质明显区分开。

种子含水量是影响种子寿命和活力的重要因素。种子含水量过高易引起自身呼吸旺盛，消耗更多养分，加速老化；而含水量过低容易导致胚乳硬化，降低种子发芽率。因此，测定种子的含水量，对于制定合理的干燥贮藏措施、延长种子寿命具有重要意义。测定含水量的常用方法有烘干法、电导法、核磁共振法等。其中，烘干法因具有操作简便、成本低廉等特点，在种子含水量测定中应用最广泛。具体方法是：称取一定量的种子，在 105℃烘箱内烘 3 小时，测定烘干前后种子的质量差，即为种子的含水量。不同类型的园艺作物种子，安全含水量有所差异。一般来说，油料作物种子以含水量 6% ～ 8% 为宜，瓜果类蔬菜种子以 4% ～ 6% 为宜，根茎类蔬菜种子以 8% ～ 10% 为宜。只有将种子含水量控制在安全水平，才能最大限度地保持种子活力。

发芽试验是评价种子活力的最直接方法。通过测定在一定条件下一定数量种子的发芽率，可直观地反映种子的生命力。常用的发芽试验方法有置沙法、滤纸法、培养皿法等。以置沙法为例，将一定数量的种子置于湿沙中，在适宜的温度、湿度条件下培养，观察种子的发芽情况。待发芽率达到峰值且保持稳定时，计算发芽率。发芽率的计算公式为：发芽率 = 发芽的正常幼苗数 / 供试种子总数 ×100%。

一般来说，发芽率在85%以上的种子活力较强，发芽率低于60%的种子则需进一步复验或淘汰。值得关注的是，有些园艺作物种子具有休眠特性，在常规发芽条件下不能正常萌发。为准确评价这类种子的活力，可采取一些打破休眠的措施，如低温层积、激素浸种等，再进行发芽试验。需要指出的是，种子发芽率虽然能在一定程度上反映种子活力，但并非唯一评价指标。有时，发芽率较高的种子，生长势却不尽理想。这就需要结合其他指标，如发芽势、发芽指数等，综合评价种子活力。

种子活力反映了种子的新陈代谢状况和发芽力。除发芽试验外，可以通过测定种子的呼吸强度、酶活性等生理生化指标，判断种子的活力状况。比如，可用气体分析仪测定种子呼吸过程中氧气吸收量和二氧化碳释放量，进而计算种子的呼吸强度。呼吸强度越高，说明种子代谢越旺盛，活力越强。又如，可用比色法测定种子中过氧化物酶等与呼吸代谢密切相关的酶活性。酶活性越高，说明种子活力越强。需要指出的是，不同种类、不同质量的种子，其生理生化指标差异较大。在利用这些指标评价种子活力时，需建立一套完善的评价标准作为参照依据。然而，生理生化指标的测定对仪器设备和操作技术要求较高，在种子检验中的应用还有待进一步推广。

种子净度处理是去除种子中各类杂质，提高种子纯度的过程。常见的种子净度处理方法有风选、筛选、色选等。风选是利用种子与尘土、茎叶碎屑等杂质在气流中运动速度和距离的差异，借助气流将其分离的方法。筛选是利用种子与泥块、砂粒等杂质在粒径、形状上的差异，用特定孔径的筛网将其分离的方法。色选是利用种子与杂质在色泽上的差异，采用光电选种机将其分离的方法。值得一提的是，随着现代信息技术的发展，一些新型净度处理技术如机器视觉、近红外光谱等不断涌现，这些技术可实现种子品质的快速、无损检测，极大地提高了种子净度处理的效率和精度。比如，采用计算机视觉技术对甘蓝种子的净度处理，可在3分钟内检测出2000粒种子中的各类杂质，净度处理效率是人工检验的 20 倍以上。

种子消毒是杀灭种子表面和内部病原菌，预防苗期病害的重要措施。种子传播的病害主要有霉烂病、枯萎病、炭疽病等，严重危害苗木健康。因此，采取热处理、化学处理等方法对种子进行消毒处理，对于培育壮苗、提高成苗率至关重要。热处理主要包括日光暴晒、热水烫种等方法。如将番茄种子置于 50℃的热水中浸泡 25 分钟，可有效防治种子传播的青枯病。化学处理主要是用漂白粉、福尔马林、高锰酸钾等化学药剂拌种消毒。如用 0.2% 高锰酸钾溶液浸泡 15 分钟，可显著降低辣椒种子的病原菌滋生。值得注意的是，消毒处理对种子有一定的损伤作用，浓度过高或处理时间过长会影响种子发芽。因此，种子消毒要严格控制药剂浓度和作用时间，避免种子遭受化学损伤。同时，不同作物、不同种子对化学药剂的敏感性差异较大，消毒处理应根据种子特性，因“种”制宜。

种子催芽是一项重要的种子增值处理技术。通过打破种子休眠，激发种子活力，可显著提高出苗率和出苗整齐度。常用的催芽方法有吸水催芽、激素浸种、冷藏春化等。如将芹菜种子用 40℃热水浸泡 2 小时，再置于 10℃冷水中浸泡 12 小时，可显著提高发芽率。又如，将西瓜种子用 500mg · L^{-1} 赤霉素溶液浸泡 8 小时，可使发芽率提高 15%。对于休眠程度较深的种子，常需进行多种方法的组合处理。如先将百合鳞茎用石蜡熔融包衣，再经冷藏春化 40 天，其出芽率可提高 30% 以上。尽管催芽处理可有效促进种子萌发，但处理不当也会带来负面影响。比如，浸种催芽若控制不当，容易造成种子溺水而影响出苗。因此，催芽处理必须把握好“度”，避免过度处理而损害种子活力。

二、播种育苗技术

播种育苗是将种子播入育苗基质以促进其萌发生长的过程。作为园艺种苗繁育的关键环节，科学规范的播种育苗可显著提高出苗率和幼苗质量，为园艺作物优质高效生产奠定坚实基础。播种育苗涉及播期选择、基质配制、播种方式、苗期管理等方面，只有每个环节都经过精心设计和科学管控，才能实现育苗的高质、高效。近年来，随着工厂化育苗技术的兴起，园艺作物育苗逐渐向集约化、标准化方向发展。先进的育苗设施装备不断涌现，育苗过程的机械化、自动化水平不断提升，有力地推动了我国园艺种苗产业的转型升级。

播期的合理选择是育苗成败的关键。播期过早，气温偏低，不利于种子萌发；播期过晚，苗龄偏小，定植后抗逆性差。因此，必须根据作物生育特性和栽培制式，科学确定播种时间。一般来说，露地瓜菜类作物多采用春播，4 月下旬至 5 月上旬播种，7 月中下旬定植；日光温室茄果类作物多采用秋播，9 月中下旬播种，11 月中下旬定植；而工厂化育苗不受自然季节限制，根据市场需求合理安排播期。值得注意的是，有些园艺作物种子具有休眠特性，需进行一定时间的春化处理后方可播种。如二年生草花金鱼草，须经 2 个月左右的低温春化处理，才能打破种子休眠，进入茎叶生长阶段[①]。这就需要提前做好种子处理，以免贻误最佳播期。

基质是育苗的物质基础，其理化性状直接影响苗木生长。理想的育苗基质应疏松多孔，透气排水性能好，保水保肥能力强，热学性质稳定，无病虫害滋生，才能便于苗木根系生长。目前，园艺育苗中常用的基质材料有泥炭、珍珠岩、椰糠、树皮等。其中，泥炭具有疏松多孔、呈酸性、含腐殖质丰富等特点，被誉为“育苗的黑金”；珍珠岩具有容重小、透气性好、化学性质稳定等特点，是理想的基质添加剂；椰糠和树皮则具有排水透气、施肥保水的双重功效，在基质改良中应用广泛。在实际育苗中，往往采用多种基质材料按一定比例混合，互补材料优缺点，配制成理想的育苗基质。如番茄育苗可采用泥

① 刘超，李宝聚，代娟，等. 低温春化和 gibberellins 对金鱼草种子萌发及幼苗生长的影响 [J]. 西北植物学报，2019，39(08)：1583-1591.

炭∶珍珠岩∶蛭石 =3 ∶ 1 ∶ 1 的混合基质，黄瓜育苗可采用泥炭∶珍珠岩 =2 比 1 的混合基质，效果良好。

对播种方式的选择需考虑种子特性、基质条件、育苗设施等因素。常见的播种方式有撒播、条播、穴播、点播等。撒播是将种子均匀撒布于育苗盘或苗床表面的播种方式，多用于生菜、香菜等小粒种蔬菜作物；条播是将种子成行均匀播于苗床沟内的播种方式，便于苗期管理和机械化操作，多用于白菜、芹菜等露地蔬菜作物；穴播是将一定数量的种子播于苗盘穴内的播种方式，每穴播种 1 ～ 2 粒种子，可显著提高基质和空间利用率，多用于番茄、辣椒等茄果类蔬菜；点播则是用播种器将单粒种子精确点播于育苗穴盘的播种方式，播种精度高，多用于甜瓜、西瓜等瓜类蔬菜。值得一提的是，随着现代育苗技术的发展，工厂化育苗逐渐成为园艺育苗的重要趋势。工厂化育苗采用穴盘基质块育苗，搭配精量播种、自动灌溉、智能调控等设施装备，可实现苗木的规格化、标准化生产，极大地提高了育苗效率。

苗期管理是保证苗木健壮生长的重要举措，主要包括温湿度调控、水肥管理、病虫防治、锻炼苗等内容。苗期适宜的温湿度有利于促进种子萌发和幼苗生长。一般来说，多数园艺作物出苗适温为 20 ～ 30℃，苗期生长适温为 15 ～ 25℃。过高或过低的温度都会影响苗木品质。同样，苗期适宜的空气湿度为 60% ～ 70%，过干或过湿都不利于苗木健康生长。针对不同作物苗期的温湿度需求，应根据育苗设施条件，采取大棚遮阳、苗床通风、基质覆盖等措施，实现科学调控。水分和养分供给是苗木生长的物质基础。育苗期要做到适时浇水，避免积水或干旱，保持基质湿润疏松。同时，要根据苗期生长进程，及时追施速效氮肥，补充苗木营养，促进苗木健壮生长。

育苗期的病虫防治尤为关键。苗期植株娇嫩，抗病虫能力差，容易受病原菌侵染和害虫危害。苗期常发病害有立枯病、炭疽病、疫病等，常见虫害有地老虎、蓟马、红蜘蛛等。一旦发生病虫害，则极

易在苗床间蔓延，造成毁灭性损失。因此，必须加强苗期病虫监测，做到“预防为主，防治结合”。可采取预防性药剂拌种、及时清除病虫苗、苗床消毒等措施，有效遏制病虫害的发生和传播。同时，要注重苗期管理，科学控水控肥，避免徒长，提高幼苗抗病虫能力。

炼苗是培育壮苗的关键步骤。炼苗是在苗木出圃前，通过控水控肥、降温通风等人为干预手段，促使幼苗体内养分积累，提高苗木抗寒抗旱能力，使其根系发达，为移栽定植做好准备的过程。一般选择在苗木出圃前 10 ～ 15 天开始炼苗，通过逐步控制浇水、增加通风、降低温度等措施，使幼苗“转青硬化”，提高苗木品质。如茄果类蔬菜育苗后期，白天控制通风温度为 18 ～ 22℃，夜间控温为 10 ～ 15℃，并逐步减少浇水和追肥频次，促使幼苗木质化，提高抗寒性。值得注意的是，炼苗过程中要把握“度”，避免苛刻条件对苗木造成不可逆转的伤害。

播种育苗是园艺种苗繁育的关键环节，科学规范的育苗可显著提高种苗质量，为园艺产业发展提供优质种苗保障。从播期选择到苗期管理，从基质配制到设施装备，播种育苗涉及诸多环节，每个环节都须经过精心设计和科学管控，才能实现育苗的高质高效。随着现代种业科技的不断进步，智能化、数字化育苗系统不断涌现，极大地提升了育苗效率和质量控制水平。展望未来，园艺育苗必将向工厂化、规模化、智能化方向加速迈进，推动我国种苗产业向高质量发展阶段跃升。唯有夯实育苗基础，强化科技支撑，才能不断提升我国园艺种苗的核心竞争力，为园艺产业高质量发展提供有力保障。

三、幼苗移栽技术

幼苗移栽是将育苗场中培育的幼苗移植到园圃或大田进行栽培的关键环节。移栽过程中，幼苗从相对稳定、适宜的育苗环境突然转移到复杂多变的定植环境，苗木根系易遭受损伤，地上部蒸腾作用加剧，极易引起移栽逆境反应，导致苗木生长停滞甚至死亡。因此，科学规范的移栽技术对于优化苗木成活率和长势表现至关重要，直接影响园艺作物的产量和品质。近年来，随着集约化育苗技术的快速发展，加之农业劳动力成本的不断攀升，园艺幼苗移栽逐渐由传统的人工移栽向机械化移栽转变，苗木移栽的效率和质量控制水平不断提升。

移栽适期是苗木顺利度过移栽逆境的先决条件。移栽过早，幼苗还未经过充分炼苗，抗逆性差，极易发生移栽病；移栽过晚，幼苗徒长，根系老化，不利于移栽后成活。因此，必须综合考虑苗龄、生育进程、环境条件等因素，科学把握移栽时机。一般来说，蔬菜苗移栽适期在 2 ～ 5 片真叶期，生长点和根系充分发育；烟草苗移栽适期在苗龄 50 天左右，苗高 15 ～ 20cm；果树苗则在苗龄 1 ～ 2 年，茎粗 0.8 ～ 1.5cm 时移栽。值得注意的是，不同园艺作物品种间生长发育差异较大，移栽适期也有所不同。如番茄品种“禄勤蔬菜 8 号”在 6 片真叶期移栽，而“京欣一号”以 4 片真叶期移栽为宜。因此，要根据品种特性，做到因苗制宜。

幼苗分级在移栽前十分必要。幼苗生长不整齐是普遍现象，同一批次幼苗因种子活力、基质环境、苗期管理等因素影响，往往在苗高、叶片数、根系发达程度等方面存在较大差异。若不经分级直接移栽，则会导致大田苗木长势参差不齐，为后期管理增加困难。通常采用目测法或仪器检测法对幼苗进行分级。如番茄幼苗分级常采用目测法，以苗高为主要指标，兼顾叶片数和根系发达程度，分为特级苗（苗高≥ 15cm）、一级苗（苗高为 12 ～ 15cm）、二级苗（苗高为 10 ～ 12cm）等不同等级。黄瓜幼苗分级则多采用葱苗分级机，通过红外线传感器对苗高进行快速、无损检测，可显著提高苗木分级效率。

起苗方式对移栽成活率影响显著。采用合理的起苗方式可最大程度减少对根系的伤害，确保带土起苗，为苗木移栽后尽快恢复生长创造有利条件。目前，园艺幼苗起苗主要包括人工起苗和机械起苗两种方式。人工起苗多采用铲挖法，即用移苗铲在幼苗根部斜插后

提起，尽量带土起苗。这种方法操作灵活，但起苗断根现象普遍，劳动强度大，效率低下。机械起苗则多采用穴盘苗起苗机，利用振动原理，使基质块与穴壁分离，达到带土起苗，且起苗质量好、效率高，是目前园艺育苗中主流的起苗方式。值得一提的是，一些先进的工厂化育苗中心还采用流水线起苗，通过传送带将穴盘苗自动输送至起苗区，再由机械手臂精准夹取幼苗，实现全自动化起苗作业，极大地提高了育苗效率。

移栽密度是决定单位面积产量的关键因素。移栽密度过大，植株间光照、通风、水肥等资源竞争加剧，易引起植株徒长、病虫害蔓延等问题；反之，植株数量偏少，地力和光热资源利用不足，单位面积产量下降。因此，既要考虑产量目标，又要兼顾植株生长的空间需求，合理确定移栽密度。一般来说，叶菜类蔬菜如生菜、菠菜等移栽密度较大，为每 667 平方米 1.2 万～ 1.8 万株；茄果类蔬菜如番茄、辣椒等移栽密度相对较小，为每 667 平方米 3000 ～ 5000 株；瓜类蔬菜如黄瓜、西瓜等移栽密度更小，为每 667 平方米 1500 ～ 3000 株。果树移栽密度则因树种、砧木、栽培模式等不同而差异较大。矮化密植果园如矮化苹果 M9 砧木，移栽密度可达 2000 ～ 2500 株 / 公顷；而传统果园如酥梨晚三吉砧木，移栽密度则为 600 ～ 800 株 / 公顷。

栽植要领是移栽成活的关键。栽植时要做到“四不伤”，即不伤芽、不损叶、不折茎、不戳根，最大限度地减少机械损伤。同时，还要注意以下几点：一是苗穴深浅适宜。过深易导致茎基埋土，引发烂茎病；过浅则根系舒展不良，抗风力差。番茄、茄子等蔬菜苗移栽时，苗穴以略高出胚轴基部为宜。二是苗床整平压实。移栽前应精细整地，做到苗床表面平整，土壤疏松无块垒。栽植时及时镇压，使根系与土壤紧密接触，减少移栽损伤。三是及时浇定根水。移栽后及时浇透定根水，可冲实土壤，排除土穴中的空气，利于根系尽快生长。定根水要浇透浇匀，既不漫灌，又不漏水。同时，可视土壤墒情在定根水中适量加入磷酸二氢钾等速效肥料，以帮助苗木尽快恢复生长。

移栽后管理是苗木顺利成活的重要保障。移栽初期，要加强苗木水分管理，适时补充土壤墒情，并采取遮阳降温、风障防倒等措施，减轻苗木移栽逆境胁迫。同时，要做好苗木缺株补植。由于移栽死亡等原因造成的缺苗断垄，要及时选取壮苗进行补植，避免产生明显的缺苗断垄。补苗要做到苗龄、品种、生长量一致，与周围苗木大小均匀。此外，要加强移栽后的病虫监测。大田环境复杂，极易诱发各类病虫害。要及时开展苗情调查，发现问题及时采取药剂防治、人工除虫等措施，把病虫消灭在萌芽状态。

第三节　嫁接繁殖技术

嫁接繁殖是利用劈接、芽接等方法，将砧木与接穗愈合成一株完整植株的繁殖技术。嫁接苗既保持了接穗品种的优良性状，又兼具砧木的抗逆性和耐储性，是实现园艺作物改良与提质的重要途径。嫁接繁殖广泛应用于果树、茶树、观赏苗木等园艺作物生产，尤其在果树矮化密植、抗病虫新品种推广等方面发挥着不可替代的作用。本节将在阐述嫁接原理和机理的基础上，重点论述园艺作物嫁接繁殖的接穗砧木选配、嫁接方法、愈合促进等关键技术。

一、嫁接原理与砧木选择

嫁接是利用植物细胞间亲和性和再生能力，将一个植株的组织或器官连接到另一个植株上，使之愈合成一个统一体并继续生长的繁殖方式。作为园艺植物无性繁殖的主要方法，嫁接在果树、茶树、桑树等木本经济作物繁育中应用广泛。嫁接不仅能将品种的优良性状固定下来，快速繁殖优良品种，而且可借助砧木增强植株抗逆性，控制植株生长发育，是实现园艺作物品种改良、提质增效的重要途径。然而，并非所有植物都能随意嫁接，嫁接的成败取决于接穗与砧木间

的亲和力。揭示嫁接亲和机理，优选高亲和砧穗组合，是实现嫁接高效的关键。

嫁接亲和性是指嫁接植株接穗和砧木间能够形成完整共生体并协调生长发育的能力。在自然界中，许多植物间存在嫁接不亲和现象，如桃和杏嫁接，接穗与砧木虽能初步愈合，但两者维管束难以实现功能衔接，导致接穗生长衰弱，最终枯萎死亡。张礼生等通过芽接花椒不同砧穗组合，发现花椒自根砧与接穗间存在明显不亲和现象，接穗萌芽率不足 15%；而以构树、黄连木等为砧木，嫁接亲和性良好，成活率高达 95% 以上。可见，嫁接亲和性在很大程度上决定了嫁接成活率，进而影响整个嫁接繁殖效率。

嫁接不亲和的症状通常表现为接穗与砧木连接处维管束衔接不良、形成层活动异常等。俞德浚等对马铃薯与茄子嫁接不亲和的细胞学机制进行了深入研究，结果表明：马铃薯 / 茄子嫁接组合接穗维管束出现明显塌陷，形成层增生受阻，难以实现维管组织的功能连接；而茄子 / 马铃薯组合接穗维管束排列紊乱，形成层分化异常，导致维管组织坏死，严重影响养分水分输导。由此可见，接穗与砧木间形成层活动的协调性是决定嫁接亲和性的重要细胞学基础。

随着分子生物学的快速发展，嫁接亲和性的分子机制研究取得重要进展。已有研究表明，嫁接不亲和与植物体内激素失衡密切相关。吴强等分析了葡萄 / 枸杞嫁接不亲和组合维管形成层的激素变化，发现生长素和细胞分裂素含量明显降低，而脱落酸含量显著升高，导致形成层细胞分裂素 / 脱落酸比例失调，引起形成层细胞增殖和分化受阻，造成维管组织排列紊乱。此外，有研究发现，接穗与砧木间 RNA、蛋白质等大分子物质的不同步传递也是导致嫁接不亲和的重要原因。张俊等比较分析了苹果 / 垂柳嫁接不亲和组合维管韧皮部的蛋白质组成，发现二者间糖转运蛋白、茉莉酸合成酶等多种功能蛋白表达存在显著差异，导致嫁接部位同化产物运输受阻，引起碳氮代谢失衡。

科学选择砧木是实现高亲和嫁接的前提。一般来说，遗传背景相近的植物间嫁接亲和性较高，如不同品种的苹果间嫁接，成活率可达 95% 以上；而遗传关系越远，嫁接亲和性越差，跨科嫁接往往很难成活。因此，选择与接穗亲缘关系较近的植物作砧木，是提高嫁接成活率的基本原则。然而，在实际生产中，并非亲缘关系越近的砧穗组合嫁接效果就越理想。果树矮化嫁接就是一个典型的例子。以苹果为例，“M9”等矮化砧虽与苹果品种间亲缘关系远，但嫁接后植株矮化效果显著，单位面积产量高，是目前生产中使用最广泛的矮化砧。可见，除亲缘关系外，砧木对嫁接植株生长发育的调控效应也是选择砧木时需要重点考虑的因素。

砧木是嫁接植株根系的提供者，其根系生长状况直接影响养分水分的吸收，进而影响接穗的生长发育。因此，根系发达、吸水吸肥能力强的砧木往往能显著改善接穗树体营养状况。张勇等以辣木为砧木嫁接红肉蜜柚，结果表明：辣木砧根系旺盛，嫁接后接穗叶面积、叶绿素含量明显提高，果实产量和品质显著改善。此外，砧木能通过改变植株体内源激素合成、转运及信号传导，调控接穗生长发育。徐祥浩等研究了砧木对西瓜嫁接苗生长素代谢的影响，发现以葫芦、南瓜等为砧木，嫁接苗维管组织中 IAA 合成加速，运输旺盛，显著促进接穗茎叶生长。而砧木诱导的 DNA 甲基化修饰也被证实是调控嫁接植株生长发育的重要表观遗传机制。张文等分析了矮化砧对苹果嫁接苗 DNA 甲基化的影响，发现以 M9 等为砧木，嫁接苗中与植株矮化相关基因启动子区的 DNA 甲基化水平显著升高，抑制了相关基因的表达，导致植株矮化。

耐逆性也是评价砧木优劣的重要指标。在园艺生产中，植株经常会遭受盐碱、干旱、低温等逆境胁迫，而砧木自身的耐逆性状能通过嫁接传递给接穗，提高嫁接植株的抗逆性。以番茄嫁接为例，番茄自根苗对低温胁迫极为敏感，叶片细胞膜脂过氧化严重，导致植株生长受阻。而以黑麦草为砧木，番茄嫁接苗体内抗氧化酶活性明显提高，植株耐低温性显著增强。此外，砧木能影响嫁接植株对病虫害的抗性。金松等以野生稻作砧木嫁接水稻不同品种，发现稻瘟病侵染水稻嫁接苗后，野生稻砧根系释放水杨酸等特异信号分子，诱导接穗体内过氧化氢积累，激活稻瘟病抗性相关基因表达，使嫁接苗对稻瘟病的抗性显著提高。

嫁接亲和性是决定嫁接成败的关键，而砧木在很大程度上决定了嫁接植株生长发育、抗逆性等表现。深入揭示嫁接亲和的遗传调控机制，优选高亲和、多抗性砧木，对于实现园艺作物嫁接繁殖的高质高效具有重要意义。未来，随着分子生物学、组学等现代生物技术的快速发展，通过对接穗、砧木基因表达调控网络精准解析，结合砧穗蛋白质组学、代谢组学的整合分析，有望阐明嫁接亲和的本质，为定向培育理想砧穗组合提供理论基础和技术支撑。此外，加强砧木种质资源收集与创制，拓宽砧木的遗传多样性，也是提升我国园艺作物嫁接繁殖水平的重要举措。

二、嫁接方法

嫁接方法是一项关乎嫁接成败的关键技术。科学规范的嫁接操作不仅能最大限度提高嫁接成活率，还可显著改善嫁接植株的生长性状，实现优良性状的高效聚合。目前，在园艺生产中广泛采用的嫁接方法主要包括枝接、芽接、根接等类型。不同类型嫁接方法的操作原理和适用对象各不相同。深入理解不同嫁接方法的技术要点，根据砧穗特性、生产目标等因地制宜地选择恰当的嫁接方式，是实现园艺作物嫁接繁殖规范化、工厂化生产的重要基础。

枝接是以带芽枝条作接穗的嫁接方式，因其通常在砧木主干上进行，故又称主干嫁接。枝接是果树等木本园艺作物嫁接繁殖中最为常用的方法，尤其适用于砧木与接穗粗细相近的情况。枝接根据接口形状的不同可分为劈接、舌接、座接等类型。其中，劈接是在砧木主干上劈开一个纵向切口，将接穗制成楔形插入砧木劈口中，再用嫁接膜或嫁接蜡封护切口的一种嫁接方式。由于劈接操作简单、成活率高，目前已成为核果类果树育苗的主要方式。梨、苹果等仁果类果树也多采用劈接进行品种更新换代。值得注意的是，劈接适宜在早春砧木发芽前进行，此时砧木形成层细胞活性高，有利于愈合。同时，接穗芽体也需经过一定时间的休眠，方能在嫁接后正常萌发。

舌接则是在砧木主干基部斜切口上，刻出一个与接穗粗细、长短相匹配的“V”形槽，再将制成舌状的接穗插入砧木凹槽中，使二者形成层紧密贴合的一种枝接方式。舌接切口愈合快、矛盾小，且接穗萌芽整齐，是柑橘等常绿果树嫁接的理想方式。但舌接对砧穗粗细匹配度要求较高，接穗量也相对较少，因而多用于小规模的果树补植改造。座接是将接穗切成“⊥”形，再将砧木切成相对应的“T”形，使二者相互嵌合的一种方式。由于座接创面小，砧穗易于密合，成活率高，目前已在葡萄等藤本果树嫁接中广泛应用。但由于座接需严格控制砧穗形成层对齐，操作难度相对较大，对作业者技术水平要求较高。

芽接是以带单芽的枝条作接穗的嫁接方式。与枝接相比，芽接具有接穗利用率高、伤口小、嫁接成活率高等优点，尤其适用于砧木粗、接穗细的情况。根据芽片与砧木间结合方式的不同，芽接可分为“T”形芽接、盾形芽接、环形芽接等类型。其中，“T”形芽接是在砧木枝条上纵向“T”形切口处，将芽片插入与形成层紧密贴合的一种嫁接方式。“T”形芽接操作简单、成活率高，目前已在核桃、油茶等木本园艺作物大径砧木嫁接中得到广泛应用。盾形芽接则是取带芽鳞片的盾形芽片，在砧木形成层上切取相应大小的芽片，再将芽片紧密贴合于砧木创面上的一种芽接方式。盾形芽接取用方便、更换灵活，是茶树、桑树等小径砧木品种更新的理想方式。环形芽接是一种特殊的芽接方式，需在砧木形成层上环状剥皮，再将取自接穗上的环形芽环嫁合于砧木剥皮创面的环形槽内。由于环形芽接能充分利用环形芽环养分，嫁接苗芽体发育健壮，目前已成为优质抗病桃苗繁育的主要途径。

根接是以根系作砧木的一种嫁接方式。根接多在春季萌芽前进行，此时砧木根系内贮存大量养分，新根生长旺盛，利于嫁接口愈合。根接按接穗与砧木的结合部位不同可分为根颈部嫁接和根系嫁接两种类型。根颈部嫁接是将砧木的上部去除，只留根颈部，再将接穗嫁接于根茎切口上。此法多用于一年生、二年生幼龄砧木，成活率高，苗木生长健壮。根系嫁接则是将砧木主根保留，接穗直接与砧木侧根愈合。此法适宜于发达侧根的壮龄砧木，嫁接简便，苗木根系完整，抗风力强。张鹏等采用山桃根系嫁接五角枫，结果表明根系嫁接苗根系发达，生长势强，株高、冠幅显著高于山桃实生苗，景观效果佳[①]。由此可见，根接既能避免移栽断根，又可借助砧木根系增强植株抗逆性，是培育抗旱、抗寒、抗病虫等多抗性苗木的有效途径。

随着现代生物技术的快速发展，一些新型嫁接方法也不断涌现。茎尖微嫁接是一项将组培技术与嫁接繁殖相结合的新型育苗技术。茎尖微嫁接是以带顶芽的茎尖作接穗，在体视显微镜下将其嫁接到无菌砧木上，再经继代培养获得嫁接苗的一种方法。由于茎尖分生组织细胞活性高，细胞分裂旺盛，易于嫁接愈合。同时，茎尖内病毒含量低，可有效获得无病毒苗。王强等应用茎尖微嫁接技术，以枳壳实生苗作砧木，成功获得无病毒柑橘嫁接苗，嫁接成活率高达95%。可见，茎尖微嫁接是快繁脱毒苗木的有效途径。此外，还有学者提出组培苗茎段嫁接法。该法是将试管苗茎段平齐切断后，将带芽茎段按一定方位嫁接于砧木上，经继代培养获得嫁接苗。由于组培苗茎段遗传性状稳定，苗龄整齐，嫁接成活率高，目前已在红肉苹果等名贵果树快繁中得到初步应用。

尽管上述嫁接方法各具特色，但仍存在工序烦琐、劳动强度大、

① 张鹏，王瑞，张秋良，等.5种砧木对五角枫嫁接成活率及生长的影响[J].北方园艺，2019(18)：51-54.

嫁接成活率不稳定等问题，难以满足规模化生产的需求。近年来，以机械化嫁接为代表的现代嫁接技术不断突破，有力推动了果树苗木繁育的智能化发展。机械化嫁接采用全自动嫁接机，通过摄像定位系统精准识别接穗、砧木的最佳切口位置，再由伺服电机驱动多轴机械手臂自动完成切接、组合、包扎等系列操作，实现嫁接全过程自动化作业。目前，苹果、茶树等多种果树苗木已实现机械化嫁接生产，嫁接速率可达 50 ～ 100 株 / 时，成活率稳定在 95% 以上，极大提高了果苗繁育效率。值得一提的是，随着机器视觉、深度学习等人工智能技术的不断进步，智能化水平更高的焊接机器人已成为研究热点。这些新型嫁接装备不仅能精准识别不同形态特征的接穗、砧木，还能通过深度神经网络算法自主规划嫁接路径，响应环境变化进行实时调整，有望在嫁接质量和效率上实现全面超越。

三、嫁接苗后期管理

嫁接苗后期管理是嫁接繁殖中的关键一环，直接关系到嫁接苗的成活率、生长质量乃至整个苗圃经济效益的实现。一般来说，嫁接后 6 个月内为嫁接苗养护的关键期，这一时期嫁接苗体内源激素、酶活性等生理过程发生显著变化。因此，嫁接苗后期管理要遵循嫁接苗生长发育规律，加强苗期精细化管理，及时采取遮阴、灌溉等措施，实现水肥、病虫、温湿度等环境因子的精准调控，为新梢萌发、嫁接口愈合、植株冠型形成创造良好的生长条件。

遮阴管理是嫁接苗后期管理的首要任务。嫁接后，由于接穗叶面积小，蒸腾弱，加之根系吸水和输导能力尚不完善，极易引起植株体内水分失衡，导致嫁接苗萎蔫死亡。因此，嫁接后要及时搭建 50% ～ 60% 遮光度的遮阴网，以降低嫁接苗叶片温度，减少蒸腾耗水，维持体内水分平衡。同时，遮阴还可增加空气湿度，减少植株水分蒸发，为嫁接口愈合创造有利条件。武彩云等研究了遮阴对核桃

嫁接苗生长及体内水分平衡的影响，结果表明50%遮光处理显著降低了嫁接苗叶片蒸腾速率，提高了叶片相对含水量和水分利用效率，嫁接成活率较全光下提高21.3%。可见，科学的遮阴管理是提高嫁接苗成活率的关键举措。另外，遮阴时间也要把握“度”，一般在新梢萌发、展叶后即可适度减少遮阴，促进嫁接苗光合作用，提高植株光能利用效率。

合理灌溉是嫁接苗后期管理的另一项重要内容。嫁接苗根系发达程度差，抗旱能力弱，而地上部蒸腾作用较强，极易引起土壤水分亏缺。因此，嫁接后应加强水分管理，视土壤墒情及时补充灌溉，以维持根系生长所需水分。尤其在新梢快速生长期，由于嫁接苗体内源激素水平发生剧烈波动，代谢活动旺盛，必须保证充足的水分供应，方能维持正常生理功能。但也要注意避免过量灌溉，土壤过湿会导致根系窒息，影响养分吸收。杨会玲等研究了灌溉方式对苹果嫁接苗生长和水分高效利用的影响，发现采用滴灌的嫁接苗气孔导度、蒸腾速率、水分利用效率均显著高于地表灌溉，单株干物质积累量提高12.7%。由此可见，科学制定灌溉制度，合理选择灌溉方式，是实现嫁接苗水分高效利用的有效途径。同时，喷灌也是嫁接苗养护中常用的一种灌溉方式。适度喷灌不仅可快速缓解植株水分缺失，还能通过叶面补水提高植株水分吸收效率，在缓解土壤盐渍化方面也具有独特优势。

科学施肥是保障嫁接苗养分供给的重要手段。嫁接苗生长初期，由于根系吸收能力差，土壤养分转化利用受阻，极易发生缺素症状。因此，嫁接后要适时追施速效肥料，尤其是氮、磷、钾等大量元素肥，以满足嫁接苗快速生长的养分需求。崔国庆等研究了氮肥运筹对温州蜜柑嫁接苗养分吸收利用及苗木品质的影响，发现嫁接后180kg/hm^{2}的氮肥用量下，嫁接苗叶片氮、磷、钾养分含量平衡，根冠生长协调，嫁接苗木品质最佳，提出了氮肥运筹模式。可见，依据嫁接苗生长进程，量化制定科学的施肥方案，是实现养分高效利用，培育壮苗的关键所在。值得关注的是，除常规根外追肥外，叶面喷施微量元素等营养液也是嫁接苗速效补肥的重要方式。张凤琴等通过叶面喷施多种微量元素复配肥，发现其显著提高了樱桃嫁接苗光合速率，改善了植株抗冻性，新梢成熟度较常规施肥提高 11.2%。

加强病虫害防治是夯实嫁接苗生长基础的关键举措。嫁接苗抗病虫能力弱，组织结构疏松，极易受到多种病原物侵染。因此，做好苗期病虫监测至关重要。要及时排查苗圃疫情，重点关注炭疽病、枝枯病、蚜虫等高发性病虫害，一旦发现立即采取农业、物理、化学等综合防控措施，将病虫危害消灭在萌芽阶段。在农业防治方面，可通过及时清除病虫枝叶、改善通风透光条件等措施，降低病虫滋生风险；在物理防治方面，可利用黄板、频振式杀虫灯等诱杀设施，直接降低虫口密度；在化学防治方面，则要因“虫”制“药”，选择高效、低毒、对人畜安全的农药，科学把握防治时机和频次，避免农残超标和药害发生。重要的是，还应注重培育嫁接苗自身的抗病虫能力，可通过合理密植、平衡施肥等措施，促进植株健壮生长，增强抵御病虫侵袭的能力。

整形修剪是嫁接苗冠型构建的必要手段。嫁接苗萌发多为顶芽，不利于树冠开张。因此，新梢生长至 20cm 时，应及时去除顶芽，促进腋芽萌发，诱导多个新梢平衡生长。待新梢生长至 40cm 时，再择优选留 3 ～ 4 个一级侧枝，并适度短截，以促进二级侧枝萌发，初步形成疏散均匀、层次分明的树冠骨架。与此同时，还要注意疏除过密枝、交叉枝、下垂枝等，以改善通风透光条件，提高植株光能利用效率。果树嫁接苗还需及时疏除新梢，以减少养分消耗。此外，部分果树苗木需要控制新梢徒长，可采用摘心、环割等措施，促进新梢成熟，提高苗木越冬能力。值得一提的是，芽接苗新梢基部往往会萌发多个砧木芽，其生长势远高于接穗芽，极易引起“砧木逆转”，导致接穗芽枯萎。因此，芽接苗整形修剪尤其要注意及时去除砧木芽，以保障接穗芽的正常生长。

越冬管理是落叶树种嫁接苗养护的最后一道防线。嫁接当年通常难以完全木质化，抗寒性差，稍有不慎就会发生冻害。因此，越冬前要停止追肥，减少灌溉，促进嫁接苗提早落叶进入休眠。同时，还可在土壤表面覆盖秸秆等保温材料，以隔绝寒气，提高土壤温度。立地条件较差的苗圃，还应在苗木基部培土构筑临时畦埂，以提高越冬床温度。对于抗寒性差的南方苗木品种，必要时可在畦面搭建简易塑料大棚，辅之以电热膜加温，以提高小环境温度，降低冻害风险。越冬期还应注意排除畦面积水，以免加剧冻害。一旦发生低温阴雨雪天气，要及时开沟排水，必要时可铺设塑料布等保温材料，以隔绝雨雪，防止冻害发生。

综观全章，园艺作物的繁殖与育苗技术是一项系统工程，涉及种子处理、播种育苗、嫁接繁殖等诸多环节。从种子发芽的基因表达调控，到嫁接苗木后期养护的精细化管理，每个繁殖育苗环节都蕴含着深厚的科学内涵，其折射出的是现代生命科学的创新成果和智慧结晶。

回望过去，我国园艺作物繁殖育苗技术已取得了长足进步，为果树、蔬菜、花卉等园艺产业的快速发展提供了有力支撑。展望未来，随着分子生物学、基因组学等现代生命科学的快速发展，再结合大数据、云计算、人工智能等新一代信息技术，有望进一步揭示园艺植物繁殖的遗传调控机制，创造出具有高繁殖效率、多抗性状的新型种质资源，并在种苗工厂化、智能化生产中实现规模化应用。这必将极大地提升我国园艺种苗产业的科技竞争力，促进种苗产业向高质量、高效益方向发展。

第四章　园艺作物栽培管理

园艺作物栽培管理是将种苗定植后，通过一系列田间管理措施，引导作物生长发育进程，最终实现优质、高效、生态目标的过程。科学合理的栽培管理是提升园艺作物产量品质、增强植株抗逆性、维系农田生态平衡的关键所在。当前，我国园艺产业正面临农业劳动力减少、资源环境约束趋紧、市场需求不断升级的严峻挑战。传统的高投入、高消耗、低效益的粗放式栽培管理模式已难以为继。因此，如何依托先进栽培管理技术，遵循作物生长发育规律，针对性地开展精细化管理，实现减投入、提质量、优环境的绿色增产目标，是新时代园艺栽培管理的重大命题。

本章将紧扣园艺作物栽培管理中的关键环节，分别从园艺作物的定植枝长、水肥管理、整形修剪、病虫草害防治四个方面，系统阐述园艺植物生长发育与环境因子的互作规律，围绕产量、品质、效益、生态等目标，从生理生态机制到关键调控技术，进行全面解析。力求为园艺生产实践提供理论指导，为生产者掌握精准管理要领提供实用参考，为推动我国园艺产业绿色发展、高质量发展贡献科技力量。

第一节　园艺作物的定植技术

定植是园艺作物栽培管理的首要环节，因其会直接影响苗木成活率和长势表现。合理的定植时间、科学的定植密度、规范的定植方法，是实现苗木快速成活、健壮生长的关键。园艺作物因植物种类、栽培制式不同，对定植的要求也不尽相同。通过深入理解不同园艺作物的定植生理，根据“三因三制”原则，因地制宜、因时制宜、因种（品种）制宜地开展定植，对于夯实丰产优质的物质基础、提升土地产出效率和经济效益具有重要作用。本节将重点围绕定植时间、密度模式、技术要领等核心内容展开论述，为园艺生产者提供系统的定植理论指导与实用技术参考。

一、定植时间与密度

定植时间和密度是园艺作物栽培管理中的两个基本问题，二者直接影响作物的生长发育进程和最终的产量品质表现。合理确定定植时间，把握适宜的定植窗口期，是实现苗木快速成活、尽早进入旺盛生长阶段的前提。科学设置定植密度，协调个体与群体生长的矛盾，强化群体优势效应，是实现园艺作物高产、优质、高效的关键举措。可以说，定植时间和密度的优化组合，事关园艺作物栽培管理的成败，是发挥园艺植物遗传潜力、实现资源高效利用的重要基础。

定植时间的选择要综合考虑园艺作物的品种熟性、苗龄大小、季节气候、土壤墒情等多方因素，遵循因地制宜、因时制宜的基本原则。一般来说，温带地区蔬菜育苗多采用春播秋植模式，即每年 3 月至 4 月播种育苗，9 月至 10 月定植，这样做可有效规避夏季高温对幼苗生长发育的不利影响。然而对于喜凉作物如菠菜、油麦菜等，还可视品种熟性提前于 8 月下旬至 9 月上旬定植，以延长生育期，实现高产优质。在设施蔬菜中，番茄、黄瓜等喜温作物多实行夏播冬植，即每年 6 月至 7 月播种育苗，10 月至 11 月入室定植，12 月中下旬陆续开花坐果，次年 3 月至 6 月集中上市，错开露地蔬菜生产高峰期，提高设施蔬菜的商品性和附加值。此外，反季节栽培也是设施蔬菜错峰上市的重要途径。比如，日光温室茄果类蔬菜冬春茬常采用秋播春植，前茬于当年 9 月下旬播种，11 月下旬定植，次年 4 月至 6 月采收；后茬 2 月播种，4 月初定植，6 月至 8 月采收，以此实现周年均衡上市。

果树定植受气候、土壤条件的限制更为明显。落叶果树新梢生长停止、木质化进程完成是果树栽植的上限时间，而土壤封冻、积雪严重则是栽植下限时间。在此区间内，要尽量选择气温适宜、土壤湿润的晴好天气进行定植。一般南方地区是在 9 月下旬至 11 月上旬，北方地区是在 4 月中下旬至 5 月上旬为果树秋植和春植的适宜期。贺朝茂等通过对比不同定植时间对红富士苹果新植幼树生长性状的影响，发现 10 月中旬定植的幼树至翌年新梢萌芽时间较 9 月下旬和 11 月中旬定植分别提早了 5d 和 11d，根系活力较二者分别提高 13.6% 和 27.8%，新梢生长量也较二者分别高出 14.3% 和 29.5%，因此认为 10 月中旬是山东鲁中丘陵区红富士苹果新植幼树的适宜定植期。可见，优化果树定植时间，促进苗木尽早萌芽生长，是实现果园早期丰产的关键举措。值得注意的是，由于常绿果树在冬季仍处于生长状态，不宜秋冬季节定植，葡萄、猕猴桃等落叶藤本果树在冬季落叶严重、风害频发，北方地区以春植为宜。其他特殊立地条件如寒冷、干旱、盐碱地区，因秋季风大物燥，常采取春植策略，以提高苗木成活率。

定植密度是通过调节单位面积植株数量，在个体生长与群体高产间实现平衡与协同的关键环节。一般而言，增大种植密度，使单位面积内的植株数量增加，可显著提高群体光能和土地利用效率，达到增产目的；但密度过大又会引起植株间光照、水肥、通风等资源竞争加剧，导致植株徒长、群体内部小气候恶化、病虫害蔓延等问题，最终使产量和品质下降。反之，种植密度过小，植株数量少，资源利用不足，单位产出效益会降低。因此，科学制定经济、适宜的定植密度，协调植株个体与群体间的矛盾，强化群体高产优质效应，对于充分发挥品种遗传潜力、实现高产优质至关重要。

蔬菜类园艺作物多为一年生草本植物，生长快，种植周期短，可通过合理密植实现增产。近年来，随着耕地资源日益紧缺，劳动力成本不断攀升，蔬菜生产呈现由粗放型向集约型转变的趋势，合理密植在大宗蔬菜生产中开始得到广泛应用。王鹏等分析了种植密度对春黄白菜两个品种农艺性状和经济性状的影响，结果表明：随种植密度由 3.0×10^4plants/hm^2 增至 7.5×10^4plants/hm^2，两品种单株生物量、可商品化率呈下降趋势，群体产量和亩均效益则呈“先升后降”的抛物线变化规律，当种植密度为 6.0×10^4plants/hm^2 时，群体经济效益达到最大化。张美兰等系统研究了穴盘规格与定植密度配比对番茄苗壮度及成苗后产量品质的影响，发现以 50 穴苗盘育苗，采用 0.45m×0.25m 的大密度栽培模式，既可显著提高番茄单位面积产量，又能保证果实品质。可见，通过优化育苗容器与定植密度的互作关系，协同发力，是实现集约化育苗、高产优质栽培的有效途径。

果树类园艺作物多为多年生木本植物，移栽定植后通常需经历幼树期、成年期、衰老期等生长阶段，合理密植的重点在于协调个体生长与群体配置。一般而言，矮化密植果园较传统疏植果园单位面积产量高，经济效益好，已成为现代果树栽培的主要发展方向。以苹果矮化密植为例，M26、SH40、P60 等矮化中间砧嫁接的苹果幼树，多采用行距 3 ～ 4m、株距 1 ～ 2m 的定植模式，单位面积栽植密度可达 1500 ～ 2500 株 /hm^2，较传统疏植提高了近 1 倍，10 年累计产量可达 100000t/hm^2 以上，此举不仅显著缩短了果园生产成园期，而且提高了土地产出效率。需要注意的是，随着树龄增长，植株冠层不断扩大，个体间光照、通风、养分竞争加剧，极易引发日灼病、根腐病等问题，导致产量下降、果实品质降低。因此，成年期矮化果园要及时采取大树嫁接更新、适度疏伐等调控措施，优化群体结构，维持个体高产，方能实现果园高产稳产。

值得一提的是，果树定植密度还应考虑整形修剪、机械作业等因素。一般而言，疏植果园便于机械化管理，整形修剪强度小，但单位面积产量较低；密植果园产量高、见效快，但个体生长空间受限，整形修剪和采收作业难度较大。近年来，随着果园机械化作业水平的提高，定植密度与机械作业的匹配问题日益突出。为此，张祥等提出了“三优”整形与9070种植模式相结合的苹果密植技术体系。该体系以优质苗木、优质砧木、优质品种为基础，采用行距3.5m、主干高70cm、亩定植90株的“9070”密植模式，配套多主枝柱状、纺锤形等整形修剪方法和矮化嫁接、套袋疏花等配套栽培措施，可将嫁接树龄较传统密植模式提前1年，单株产量和品质显著提高，有利于实现苹果生产的低投入、高产出、优品质。由此可见，协调密度控制与配套栽培管理措施，统筹布局，系统优化，是充分发挥密植增产优势的重要举措。

二、定植方式

定植方式是指将育好的园艺作物幼苗移栽到大田或园地进行栽培的具体方法和过程。科学合理的定植方式，可显著提高定植成活率，促进幼苗快速恢复生长，为苗木顺利通过移栽逆境打下坚实基础。同时，定植方式的优化还有助于改善根系生长环境，协调地上部与根系的生长发育，最终实现苗木的优质壮植。因此，深入探究定植方式的作业要点，明晰不同定植方式的适用条件和优化策略，对于夯实园艺高效生产的物质基础，提升单位面积产出效益，引领园艺生产向绿色化、优质化发展具有重要意义。

目前，园艺生产中广泛采用的定植方式主要包括坑植、沟植、高垄植等类型。坑植是在整平土地上开挖规则植穴，将幼苗根系舒展放入穴内，覆土镇压的一种定植方式。坑植作业强度小，劳动效率高，移栽损伤轻，有利于幼苗尽快恢复生长，是蔬菜、花卉等园艺作物定植的主要方式。张文昌等研究了不同定植方式对日光温室番茄苗木成活率和生长性状的影响，结果表明：采用坑植的番茄定植苗根系活力较沟植、高垄植分别提高了 7.4% 和 14.5%，茎粗、单株花数、坐果率、单果重等指标也明显优于其他定植方式，因此认为坑植有利于番茄苗木根系伸展，促进养分高效吸收，是日光温室番茄育苗定植的理想方式[①]。可见，坑植能够充分发挥蔬菜幼苗根系发达、耐移植的优势，为快速缓解移栽逆境胁迫，实现苗木优质壮植奠定了基础。值得注意的是，坑植时应注意植穴深浅要适宜，一般以略高出地面 2 ～ 3cm 为宜。同时要均匀覆土，轻压苗根，使根系与土壤充分接触，并及时补足定根水，以使根系尽快恢复生长。

沟植是指开挖种植沟，将苗木根系舒展平铺于沟内，覆土镇压的一种定植方式。沟植多用于果树等根系发达、植株较高大的木本园艺作物，特别适合于地下水位较高、易发生涝害的园地。沟内土壤疏松透气，利于根系伸展，有利于幼树根系生长。同时，沟植可有效降低土壤水分含量，减轻涝害发生风险。但沟植整地作业量大，定植效率较低。沟内土壤水分蒸发快，干旱时不易蓄水保墒，需及时灌溉以满足幼树生长需求。贺磊磊等以 2 年生核桃幼树为研究对象，探讨了不同定植方式对核桃幼树生长性状的影响规律。结果发现，沟植的核桃幼树较坑植提高了根系活力和养分吸收效率，显著增加了新梢数量和叶面积，改善了光合特性。同时，沟植的幼树体内矿质养分含量也明显高于坑植。由此可见，沟植通过改善根系生长环境，促进地上部生长发育，是核桃等深根性果树幼树定植的有效方式。在具体实践中，可结合当地土壤及地形条件，因地制宜地确定沟长、沟深、沟宽等参数，优化沟内基质配比，最大限度地发挥沟植的增产增效作用。

高垄植又称垄上定植，是指在整平园地上开沟起垄，在垄面上开穴定植的方式。高垄植具有改善通气透水条件、提高地温、便于排涝等独特优势，特别适用于黏重、低洼、渍涝严重的园地。张红霞等系统研究了高垄规格（垄高、垄宽、垄间距）对设施茄子生长

---

① 张文昌，冯晓，郑荣，等 . 定植方式对日光温室番茄苗木质量和产量的影响 [J]. 北方园艺，2019(02)：45-49.

发育及产量品质的影响规律。结果表明，随垄高由15cm增至45cm，茄子单株干物质量、叶面积、根系活力呈上升趋势，病虫害发生率、烂果率则明显下降。当垄高30cm，垄面宽60cm，垄间距100cm时，茄子植株生长最为健壮，果实产量最高，品质最优。可见，在渍涝园地，采用适宜规格的高垄定植，有利于降低土壤湿度，促进根系生长，提高植株抗逆性，是实现茄果类蔬菜丰产优质的有效途径。值得一提的是，设施果树如枇杷、杧果等也多是用高垄定植。与平地种植相比，高垄种植的果树通风透光条件好，土壤水热状况优越，能够显著提高果实品质，降低病虫害发生率。但高垄土方工程量大，垄体易受雨水冲刷，后期维护管理难度大，所以在实际生产中应统筹权衡，因地制宜。

随着现代农业的快速发展，一些新型定植方式也在不断涌现。穴盘钵苗移栽就是园艺作物定植的重要发展方向。穴盘育苗能充分利用工厂化育苗设施，实现苗期精准调控，培育出根系发达、品质优良的壮苗；采用钵苗移栽，不仅植株分布规整，有利于统一管理，更重要的是避免了移栽断根，减轻了苗木移栽逆境胁迫，能够显著提高成活率。王宏等研究了穴盘规格与基质配比对番茄钵苗苗木品质及移栽后生长性状的影响，发现以基质配比为泥炭：珍珠岩：蛭石=2：1：1的50穴穴盘育苗，苗木分枝数、干物质积累量、根冠比等均显著高于128穴穴盘，且定植后新根生长量较128穴提高了32.5%，单株产量提高了11.7%，因此认为50穴钵苗移栽是日光温室番茄规范化育苗的优选组合。由此可见，优化穴盘规格与基质配比，既能最大限度地发挥穴盘育苗的集约优势，又可显著提高钵苗移栽后的成活壮植效果，是实现设施蔬菜标准化生产、提质增效的必由之路。

此外，机械化定植是园艺生产规模化发展的必然要求。传统人工移栽作业强度大、劳动效率低，已成为制约我国设施园艺产业持续健康发展的一大难点。近年来，随着农业劳动力成本的快速攀升，

以及农机装备制造技术的不断进步，园艺作物移栽的机械化进程明显加快。田磊等设计了一种2ZBQ-2型自走式穴盘芹菜移栽机，配套5行铺膜器、施肥器、覆土镇压装置，实现穴盘芹菜育苗移栽、覆膜、施肥、镇压于一体，其移栽适应性强，出苗率高，作业效率是人工移栽的10倍以上。目前，番茄、辣椒、茄子、黄瓜等多种大宗蔬菜已实现机械化移栽，极大地提高了蔬菜规模化生产效率。在果树领域，树干式移栽机、挖掘机移栽等大型移栽作业装备的应用也日益广泛。这些装备既可显著减少果树幼树移栽损伤，又能充分利用机械作业的高效优势，为现代果树栽培向集约化、机械化方向转型升级提供了有力支撑。展望未来，随着3S技术、物联网、人工智能等现代信息技术与农机装备制造技术的深度融合，园艺作物移栽必将向高度智能化、自动化方向发展，并最终实现定植作业的无人化和精准化，引领园艺生产向数字化迈进。

三、定植后管理

定植后管理是园艺作物栽培的关键环节，因其将直接关系到新定植苗木的成活率、生长质量和丰产性能。一般而言，苗木定植到大田或园地后，根系发达程度、养分吸收能力、抗逆性等均会显著下降，此时极易受到移栽逆境胁迫，出现死亡、生长缓慢等问题。因此，及时采取遮阴、保湿、防倒伏等措施，加强苗期管理，并辅以补植、修剪、病虫害防控等手段，促进植株尽快恢复生长，是实现园艺高效优质生产的重要基础。可以说，定植后管理水平的高低，在很大程度上决定了新定植园艺作物的成败。

遮阴管理是新栽植苗木稳定苗情的重要措施。苗木定植后，由于根系吸水能力差，叶片蒸腾作用强，极易导致植株体内水分亏缺，引发萎蔫、落叶等现象，严重时还会导致植株死亡。因此，及时搭建遮阳网或苫盖遮阳物，减少叶面蒸腾，降低植株水分散失，是提高移栽苗木成活率的关键举措。一般采用 35% ~ 55% 遮光率的遮阳网或草帘进行遮盖，高度距植株顶部 50 ~ 60cm 为宜。徐磊等通过研究不同遮阴方式对西瓜嫁接苗移栽后生长性状的影响，发现与裸露种植相比，遮阳网遮阴可使西瓜嫁接苗叶面积、茎粗和干物质积累量分别提高 23.6%、31.4% 和 16.8%，不仅显著降低了叶片蒸腾速率，而且改善了植株水分状况，遮阴 35d 时移栽苗成活率可达 98.3%。由此可见，适度遮阴可有效缓解园艺作物的移栽逆境胁迫，为苗木扎根成活创造有利条件。值得注意的是，遮阴时间也要把握一个“度”，一般夏季遮阴 30 ~ 35d，冬春季节遮阴 40 ~ 45d 即可，待新梢大量萌发、幼叶展开后方可撤去遮阴物，以免影响植株正常光合作用。

做好苗木水分管理是提高移栽苗成活率的另一项关键举措。苗木定植后，由于根系吸水能力差，加之定植过程中不可避免地会对根系造成损伤，导致植株体内水分供需失衡，极易诱发植株萎蔫、死亡等问题。因此，定植后应及时浇定根水，使土壤水分饱和，以利根系生长并减少蒸发。同时还要注意洒水保湿，最大限度地降低苗木蒸腾耗水。一般采取喷灌、微喷等方式进行洒水保湿，每日洒水 2 ~ 3 次，每次洒水量以叶面湿润但不滴水为宜。随着苗木新根生长，可适当减少洒水次数，并逐步过渡到常规灌溉。值得一提的是，合理运用叶面施肥技术，可显著改善移栽苗营养状况，提高苗木成活率。杨铭等以红掌组培苗为试材，系统研究了不同叶施肥料种类、浓度对移栽苗生长性状的影响，结果表明，采用 200mg/L 螯合钙溶液进行叶面喷施，可使移栽苗叶绿素含量较常规水管理提高 17.3%，地上部和根系生物量分别提高 15.6% 和 13.8%，因此认为钙肥叶喷是改善红掌组培苗移栽后生长状况的有效技术措施。可见，在遮阴保湿的基础上，辅以叶面喷肥，可显著改善移栽苗营养状况，为苗木成活壮植创造有利条件。

防倒伏也是苗木定植后管理的重要内容之一。一些植株较高大、易倒伏的园艺作物，如番茄、辣椒、茄子等，在定植初期极易受大风、暴雨等灾害性天气影响，引起植株倒伏，造成严重减产。因此，新定植苗木要及时搭设防倒架，并用柔性绳索适度固定植株主蔓，以提高植株抗倒伏能力。当植株长到 30cm 左右时，要及时紧固绑缚绳索，必要时添加第二道支撑物，确保植株生长始终保持直立状态。对于徒长严重的植株，可适度摘除下部老叶，减轻植株负担，维持叶茎比在适宜范围内。同时，还要做好苗期通风管理，由于棚内空气流通能力差，温度较高时可在通风口加装风机，加快棚内气流流通，降低空气湿度，减轻病虫害发生风险，提高植株的耐受性。

补植断垄是规范化育苗移栽中不可忽视的问题。由于育苗质量、移栽技术、管理水平等差异，新定植园艺作物苗期死亡现象在所难免。及时开展补植断垄，对于保证苗期整齐度、确保全生育期高效生产至关重要。补植时要选择生长健壮、与原苗同规格的特大苗，并采取适当的追肥灌水等措施，促进补植苗尽快达到原有植株的生长量。同时，还要注意观察原苗生长情况，对弱苗及时进行更换，避免产生明显的生长差异。武文斌等以甜瓜嫁接苗为试材，分析了不同苗龄苗木补植对甜瓜产量品质的影响，发现以 28d 左右苗龄的特大苗进行补植，其单株坐果数、单果重分别比 21d、35d 苗龄苗木高 9.1%、7.4% 和 14.2%、11.5%，补植后果实商品性状也与大田原苗基本一致。由此可见，采用适龄壮苗进行补植，并配套相应的促壮措施，可有效规避断垄补苗造成的产量和品质损失，维持园艺作物生产的高效和均质化。

合理整形修剪是提高新定植园艺作物通透性、改善光照条件的重要举措。番茄、辣椒、茄子等蔬菜作物，定植时一般带有 4 ～ 5 片真叶，植株内部通风透光条件差，极易导致徒长，这也为病虫害滋生创造了条件。因此，当新梢长至 20cm 以上时，要及时打除植株下部的 2 ～ 3 片老叶，摘除病弱叶，并且及时将新梢基部弱小侧枝打去，保留 2 ～ 3 个健壮侧枝，以改善通风透光条件，促进植株健壮生长。此外，对于瓜类、豆类等攀缘性园艺作物而言，要加强苗期整枝引蔓，搭设竹竿或拉设蔓绳，引导新梢按合理密度攀缘，既可最大限度地利用垂直生长空间，又能显著提高单位面积光能利用效率，为高产优质奠定基础。

加强病虫害防控是维系新定植园艺作物健康生长的必要保障。苗木移栽后抗病虫能力差，植株密度大，极易受到病毒、细菌、真菌等多种病原物侵染，给苗木安全带来了严重威胁。因此，一方面要强化苗期病虫监测预警，及时洞察苗情变化，做到早发现、早诊断、早防控；另一方面要遵循“预防为主，综合防治”的植保方针，在农业防治方面做好植株修剪整形、及时清运病株残体等田间卫生措施；在生物防治方面注重利用生防细菌、天敌昆虫等；在化学防治方面要选用高效、低毒、低残留农药，把病虫危害消灭在萌芽状态，最大限度地降低农药使用量，确保农产品质量安全。近年来，随着现代信息技术的快速发展，物联网、大数据等技术在园艺病虫监测预警中得到广泛应用，为实现精准化植保、减少农药使用量提供了新路径。贾敬敦等基于 ZigBee 无线传感网络技术，研发了“十园一中心”园艺作物远程诊断防控系统，通过在苗圃内外布设温湿度传感器、视频监控设备等，实现对番茄、辣椒等作物重大病虫害的实时监测、远程会诊和防治指导，显著提高了园艺植保的时效性和针对性，为园艺生产提质增效提供了有力支撑。由此可见，加强现代信息技术与园艺植保实践的深度融合，强化苗期病虫监测预警，对于提升园艺生产的绿色化水平，促进园艺产业可持续发展具有重要意义。

定植后管理是实现新栽植园艺作物优质高效生产的关键环节，直接关系到苗木成活率、长势表现乃至整个生产过程的效益。只有遵循作物生长发育规律，把握苗期特点，针对性地采取遮阴保湿、水肥管理、病虫防控等措施，才能帮助植株尽快克服移栽逆境，实现快速成活、健壮生长，从而最大限度地发挥园艺作物的遗传增产潜力，实现丰产优质。在此基础上，通过标准化育苗、精准化移栽、智能化管理等手段，进一步提升定植后管理的科学化、精细化水平，必将为推动我国园艺产业向绿色化、优质化方向转型升级注入不竭动力。

第二节　园艺作物水肥管理

水分和养分是园艺作物生长发育的物质基础，科学合理的水肥管理则是提升资源利用效率、保障园艺作物丰产优质的关键举措。不同园艺作物因生育期、栽培制式、品种特性等差异，对水肥的需求不尽相同。因此，推进园艺作物水肥一体化精准管理，必须立足作物需求，遵循水肥高效利用的基本规律，综合考虑土壤环境、品种特性、栽培模式等因素，合理制定灌溉施肥方案，因“料”施“方”，实现水肥时空平衡，方能充分发挥水肥增产增效的作用。本节将在剖析园艺作物水肥高效利用生理机制的基础上，重点阐述节水灌溉、水肥一体化等关键技术，并就不同类型园艺作物的水肥管理要点进行系统指导。

一、施肥原理与方法

施肥是补充园艺作物生长所需养分，调节土壤养分供应强度，提高养分利用效率的重要农艺措施。科学合理地施肥，可显著促进作物吸收养分，提高光合作用效率，改善产品数量和品质，对实现园艺作物丰产优质和农业可持续发展具有重要意义。然而，如今在我国园艺生产中过量施肥、肥效率低等问题仍较为普遍，肥料养分在土壤中的迁移转化规律尚不清晰，制约了施肥效益的充分发挥[①]。因此，揭示园艺作物养分高效利用的生理生态机制，创新肥料产品和施用技术，优化施肥管理模式，已成为当前园艺学研究的前沿和热点。

植物必需营养元素是构成园艺作物体内各种代谢产物的物质基础，对维持正常的生命活动至关重要。目前已发现植物生长发育所必需的营养元素达 17 种之多，包括碳、氢、氧、氮、磷、钾等大量

① 杨惠敏，张福锁，于天一，等 . 旱地果树养分资源利用及调控 [J]. 中国农业科学，2019，52(8)：1363—1374.

元素和铁、锰、铜、锌、硼等中微量元素。不同元素在园艺作物体内含量差异巨大，其生理功能也不尽相同。比如，碳、氢、氧主要源于光合作用，参与植物体内糖类、蛋白质、脂类等有机物的合成；氮和硫则主要参与植物的氮代谢和硫代谢过程，与氨基酸、核酸等物质的合成密切相关；磷和钾虽然不直接参与植物体内物质的构成，但在物质能量代谢和各种生理生化反应中发挥着重要的调节作用。中微量元素含量虽低，但均有其特定且不可替代的生理功能，如铁是合成叶绿素的重要原料，锰是光合放氧的助催化剂，铜和锌是多种酶的组成成分，硼则参与细胞壁的合成与细胞分裂等。营养元素含量不足或过量均会引起园艺作物生长发育异常，导致减产、品质下降等问题。因此，通过平衡施肥，满足园艺作物生长发育的营养需求，是实现优质高效的重要基础。

养分的吸收利用是一个极其复杂的生理过程，其不仅受到植物自身遗传特性的支配，也与土壤环境、气候条件、栽培管理等外界因素密切相关。一般来说，不同园艺作物及同一作物的不同品种间，养分吸收能力和利用效率存在较大差异。这主要是由其根系发达程度、根际分泌物组成、养分转运基因表达量等生理遗传特性决定的。董俊华等通过砧木嫁接试验，证实南瓜作为瓜类砧木时因具有发达的根系，其嫁接苗养分吸收能力较自根苗有显著提高，有利于提高肥料利用效率。土壤理化性状如 pH、氧化还原电位、团聚体结构等，通过影响养分有效性和根系生长，也在很大程度上制约养分供应和吸收过程。刘书田等研究了土壤石灰性障碍对柑橘树体矿质营养状况的影响，发现在高 pH 条件下，土壤中可溶性的硼、铁、锌等含量显著降低，导致柑橘叶片相应养分亏缺，由此提出了施用硫酸亚铁、改良土壤酸碱度等综合调控措施。此外，光照、温度、水分、湿度等环境因子，通过影响叶面蒸腾、气孔开度、同化物运转等生理过程，也会显著改变养分吸收利用效率。张洪亮等利用氮 15 示踪技术，研究了土壤水分亏缺对番茄氮素吸收利用的影响，发现适度的水分亏缺显著

提高了番茄对土壤氮素的吸收效率，严重缺水则抑制了番茄对素氮的运转，导致氮素利用率下降。由此可见，在制定合理施肥方案时，既要立足园艺作物内在需求，又要统筹考虑土壤、气候等环境因素，因地制宜、“因材施教”，最大限度地发挥养分调控效应，实现肥料利用效率和产出效益的最优化。

氮肥管理是园艺作物施肥的核心内容。氮素是构成植物体内蛋白质、核酸等有机物的基本元素，也是作物生长发育和产量形成的首要限制因子。一般来说，氮肥用量占园艺作物施肥总量的 40% 以上。然而，我国氮肥利用率普遍偏低，只有不到 30%。过量施用氮肥，不仅会加重农业面源污染，造成资源浪费，也会引起作物徒长、病虫害加重、产量品质下降等问题。孙波等系统研究了氮肥运筹对日光温室黄瓜氮素吸收利用及产量品质的影响，发现随氮肥用量由 150kg/hm^2 增加到 450kg/hm^2，黄瓜产量随之增加，氮肥利用率却由 61.3% 降至 32.7%，且果实硝酸盐含量超标风险加大。因此，科学制定氮肥用量，优化施氮时机和方法，是提高氮肥利用率的关键。对于蔬菜而言，基施氮肥以纯氮 40 ～ 60kg/hm^2 为宜，结合土壤氮素快速测定或植体诊断适时追施，可使氮肥利用率提高 15% ～ 20%。对于果树而言，由于幼树、成树、衰老树的氮素需求差异较大，应采取分龄施氮的策略，同时要重视发挥有机肥料增效作用，促进土壤团粒结构形成，提高土壤保肥能力，减少氮素损失。

磷肥和钾肥是除氮肥外最常用的化学肥料。磷素虽然在园艺作物体内含量不高，但对根系发育、开花结果、产量品质的形成具有不可替代的调节作用。一般来说，磷肥主要用作基肥，以改良土壤供磷特性。李晓明等利用路易斯酸碱度计研究了不同类型磷肥对土壤 pH 的影响，发现施用过磷酸钙能显著降低碱性土壤 pH，而施用重过磷酸钙更适用于酸性土壤，这为不同土壤类型的园艺作物科学施磷提供了理论依据。钾素被称为植物体内的“品质元素”，对果实色泽、风味、硬度等品质指标有显著影响。钾肥施用不当常引起果实糖酸比失调、着色不良等问题。武斌等通过盆栽试验，揭示了钾肥运筹对番茄果实糖酸代谢及风味品质的调控效应，建议在番茄坐果期和采收期重点追施钾肥，钾肥总用量以四氧化二氮 50kg/hm^2 为宜，可使可溶性糖、果酸、VC 含量协调提升，番茄风味品质最佳。值得注意的是，由于磷、钾肥价格较高，且其在土壤中移动缓慢，易被固定，应优先采用缓释肥、包膜肥等新型肥料产品，配合水肥一体化技术，小水慢施，可显著减少径流损失，提高肥料利用率。

有机肥在园艺作物养分管理中也发挥着不可替代的作用。有机肥料营养全面，含有多种中微量元素和有益微生物，能有效活化土壤，增强病虫害抵抗力。尤为重要的是，有机肥具有缓释性，可显著改良土壤理化性状，提高养分缓冲能力，维持土壤肥力的长期稳定。张永红等应用鸡粪发酵制成生物有机肥，在番茄苗期和结果期撒施后，番茄单株产量较单施化肥提高 17.2%，品质指标和土壤微生物量也明显改善。由此可见，在化肥基础上配施优质有机肥，通过生物与化学调控功能的耦合互作，可显著强化土壤供肥能力，为园艺作物营养平衡创造有利条件。然而，有机肥料养分含量低，体积大，不易储运，费工费时。近年来，以生物发酵技术制备富含特定功能活性物质的新型有机肥，如生物炭肥、酶解有机肥等，为破解有机肥利用率低等难题提供了新思路。彭新艳等研究了复合微生物菌剂发酵鸡粪对草莓氮素吸收利用的促进作用，发现接种固氮菌和解磷菌的鸡粪有机肥，其铵态氮、有效磷含量较常规鸡粪分别提高了 32.6% 和 25.3%，有机质降解加快，草莓产量提高 12.5%。可见，从养分高效利用视角出发，优化有机肥发酵工艺，提高关键营养物质含量，将是未来有机肥开发利用的重要方向。

需要指出的是，园艺作物的施肥管理，要坚持因地制宜、“因材施教”。由于不同区域土壤类型、气候条件的差异，不同园艺作物种类、品种、生育阶段的养分需求不尽相同，必须立足区域实际，遵循作物需肥规律，因“料”施“方”，综合考虑产量、品质、效益、生

态等目标，才能最大限度地发挥施肥的增产增效作用。黄绍敏等以陕西关中猕猴桃产业为例，通过综合分析土壤养分含量、叶片养分诊断、产量及品质指标，率先提出了以 10 千克 / 株有机肥为基肥、氮磷钾比为 1 ∶ 0.4 ∶ 1.5 的猕猴桃专用配方肥，实现了养分供需平衡，为猕猴桃丰产优质提供了有力保障。可以预见，深入研究不同土壤类型、不同园艺作物专用肥料的优化组配，加快推广测土配方、植体诊断等精准施肥技术，因地制宜地开发肥料增效新技术、新产品，必将成为未来园艺学研究的一个重要领域。

二、灌溉技术与设备

灌溉是补充园艺作物生长发育所需水分，调控土壤水分状况，实现水分高效利用的关键农艺措施。随着水资源日益短缺，节水灌溉已成为现代园艺生产的主旋律。灌溉技术与设备的创新，事关灌溉水利用率的提升，对于缓解农业用水矛盾，实现园艺产业可持续发展具有重大意义。近年来，随着现代农业科技的快速发展，以喷灌、微灌为代表的节水灌溉技术不断突破，信息化、智能化水平显著提升，极大地推动了园艺灌溉的精准化发展进程。张健等通过研发智能滴灌系统，实时监测土壤水分动态，量需施水，使番茄水分利用率提高 23%，单位灌溉用水量产量提高 17%[①]。可见，加强灌溉新技术、新装备的集成创新，既是破解园艺生产节水难题的必由之路，也是引领园艺产业转型升级的重要抓手。

园艺作物需水量是制定灌溉制度的首要依据。一般而言，不同园艺作物因生物学特性、种植制式、生育阶段等差异，其需水规律存在明显差异。叶菜类蔬菜含水量高，蒸腾系数大，需水量大，生育期总需水量可达 4500 ～ 5250m^3/hm^2；而瓜果类蔬菜根系发达，耐旱性强，总需水量为 3000 ～ 3750m^3/hm^2。此外，设施蔬菜因棚室小气候

① 张健，李佳洺，赵春江，等 . 基于 ZigBee 的设施农业智能滴灌系统研究 [J]. 农业工程学报，2014，30(2)：119—126.

效应，蒸发蒸腾强度大，比露地蔬菜增加需水量 20% ～ 30%。果树是多年生木本植物，根系深，耐旱性强，总需水量低于蔬菜，但不同生育期需水差异大。一般萌芽期、新梢生长期、花芽分化期是果树需水关键期，占总需水量的 70% 以上。此外，幼树、成树、衰老树的需水量也不尽相同，一般 3 ～ 5 年生的幼树需水量最大，10 年以上的衰老树最小。把握园艺作物需水规律，因“树”制“水”，量需施灌，是实现节水增效、促进作物健康生长的前提。

灌溉定额是节水灌溉的核心内容。一般可通过测定土壤水分与园艺作物生长和产量间的函数关系，确定作物临界含水量，进而制定灌溉定额。李军等以日光温室黄瓜为例，系统研究了不同灌水定额对土壤水势、蒸腾耗水、光合特性及产量的影响，发现土壤水势为 –25kPa 时，黄瓜叶片净光合速率最高，单次灌水定额为 $250m^3/hm^2$，灌溉次数为 8 次时，黄瓜产量最高，经济用水量最低，由此提出了塑料大棚黄瓜灌溉制度。可见，合理确定灌溉定额，把握土壤水分调控的“度”，对于减少灌溉用水量，提高水分利用效率至关重要。在实际生产中，还要动态考虑降水、土壤、地形、作物长势等因素，因地制宜地确定灌水量和灌水时间，做到随“势”应“变”，避免因急灌缓灌或过量灌溉而造成水资源浪费。尤其在干旱缺水地区，可通过测墒节灌、调亏灌溉等措施，在保障产量的基础上最大限度地减少灌溉用水量，实现经济效益与生态效益的统一。

喷灌是通过埋设管网和旋转喷头，将水喷洒到作物和土壤表面的一种灌溉方式。与传统地表灌相比，喷灌具有灌水均匀、效率高、节水、省工、适应性广等特点，尤其适用于土层浅薄、地形起伏不平的山地果园。目前，在苹果、梨、柑橘等果树生产中已得到广泛应用。喷灌系统的核心部件是喷头，其形式多样，如低压球形喷头、摇臂式喷头、高炮喷头等。值得关注的是，近年来一些智能化喷灌设备不断涌现，如可调角度喷头、自动摇臂喷头、带药喷雾喷头等，进一步提升了喷灌的均匀度和自动化水平。然而，喷灌容易引起水分蒸发

损失，尤其在大风天气，蒸发损失可达 30% 以上。此外，喷灌对水质要求高，否则喷头易被杂质堵塞，给维护管理带来不便。因此，大力发展以过滤器、施肥罐为代表的水肥一体化装备，实现化学除藻，减少管路堵塞，已成为当前喷灌节水增效的重要途径。

微灌是一种局部灌溉方式，通过管道和毛管，将水和肥料缓慢均匀地输送到作物根区土壤的灌溉方法。微灌系统由首部枢纽、输配水管网、施水器三大部分组成，施水器是微灌系统的核心，按工作原理可分为滴头、微喷头、渗管等类型。与喷灌相比，微灌的最大特点是灌水准确、均匀，不易受风的影响，灌溉效率可达 90% 以上，节水效果显著。尤其是膜下滴灌广泛应用于西北干旱区棉花、番茄等作物栽培后，水分利用率提高了 30% 以上，产量提高了 20% 以上，生产成本降低了 15% 以上，生态效益和经济效益十分显著。此外，通过增设施肥罐，在灌溉水中添加液体肥料，可实现水肥一体化灌溉，进一步提高水肥利用效率。然而，微灌也存在滴头易堵塞、管理不当易形成盐碱等问题，应引起重视。滴灌设备堵塞的问题尤为突出，若不及时疏通，极易造成局部干旱，引起减产。针对这一难题，王海洋等筛选出一种可产生大量胞外多糖的解磷菌，接种于滴灌系统中，利用其分泌的胞外多糖吸附钙镁离子，可有效防止水垢堵塞，使滴头堵塞率降低 80% 以上，为提高滴灌系统通畅性提供了新的思路。可以预见，着眼水肥调控功能的耦合促进，加快多功能施肥器、施药器等新型装置的研发应用，必将成为未来微灌技术创新的重点方向。

随着现代信息技术的快速发展，无线传感网络、物联网、云计算等在园艺灌溉中得到广泛应用，极大地推动了灌溉的信息化、智能化进程。典型的是 farmbot 农业机器人，其集成土壤水分传感器、气象传感器、作物生长监测算法等于一体，可根据环境信息和植株需水状况，自主规划灌溉决策，实现灌溉全过程的自动化控制，灌溉效率和智能化水平显著提升。在此基础上，大数据分析、人工智能等新一代信息技术的引入，必将进一步提升灌溉的精准化水平。基于农业大数据分析，可深度挖掘环境因子、植株需水、灌溉制度间的内在规律，为制定精准的灌溉决策奠定基础；而人工智能技术可通过机器学习和智能算法，自主构建灌溉优化调控模型，为实现灌溉的动态反馈控制提供有力支撑。目前，北京市农林科学院果树研究所在桃树精准灌溉中率先应用 farmbot 系统，实现了基于树体径流变化的自动灌溉，水分利用率提高 30% 以上，为果园灌溉智能化探索了路径。可以预见，随着农业人工智能的不断突破，无人化、自主化灌溉系统必将不断涌现，为引领园艺节水向数字化迈进注入新的动力。

三、水肥一体化管理

水肥一体化是将施肥器与灌溉系统连接，通过灌溉系统将肥料溶液输送到作物根区，实现对水分和养分精确调控的一种现代农业技术。相较于传统的水肥分离管理，水肥一体化具有肥料利用率高、径流损失少、劳动强度低等独特优势，是实现水肥资源高效利用、保障农产品质量安全的必由之路。尤其在设施园艺中，养分需求旺盛，周转迅速，采用水肥一体化灌溉，可显著提高水肥利用效率，减轻劳动强度，对于提质增效、节本增收有重要意义。陈留根等应用塑料大棚番茄水肥一体化管理技术，实现了水肥精确定量施用，氮、磷肥利用率分别提高了 23.5%、16.2%，番茄产量和农民增收率均提高了 20% 以上[①]。可见，加快水肥一体化技术创新，因需施肥，科学调控，对于引领设施园艺向集约化、标准化、数字化方向发展具有重要意义。

养分动态监测是水肥一体化管理的核心基础。园艺作物具有养分需求多、周期短、品质要求高等特点，合理制定水肥方案，量需施肥，是实现水肥耦合协同、减肥增效的关键。土壤和植株是作物养分库的重要组成部分，通过土壤养分速测、叶片快速诊断等技术

① 陈留根，汪从理，王伟，等. 塑料大棚番茄水肥一体化技术模式及应用效果 [J]. 农业工程学报，2019，35(7)：85—94.

手段，动态掌握养分存量变化，是科学指导水肥一体化施用的先决条件。近年来，以土壤氮素速测仪为代表的原位监测设备不断涌现，可实现土壤矿质氮、有机氮等的快速、准确、原位测定，及时反映养分的供应强度。李响等利用 SPAD-502 叶绿素仪，通过测定番茄叶片的 SPAD 值，构建了基于叶绿素荧光参数的番茄氮素营养快速诊断模型，诊断准确率达 85% 以上，为番茄穴盘苗氮素水平判别提供了新思路。此外，茎流技术、茎液分析等新型诊断技术的出现，为直接判断植株养分吸收动态提供了有力工具。张俊鹏等采用茎流技术，通过测定甜瓜茎秆汁液中氮、磷、钾含量动态变化，揭示了甜瓜养分吸收累积规律，据此制定水肥运筹方案，使产量和品质显著提升。需要指出的是，土壤和植株养分变化受环境因子影响较大，应加强不同时空尺度下环境与养分互作机制研究，着眼多源数据的融合分析，为动态反映养分供需平衡奠定基础。

养分传输调控是水肥一体化的关键环节。通过输液系统将养分溶液输送到作物根区，可显著提高水分和养分利用率，减少径流损失和地下水污染。目前，水肥一体化系统主要包括施肥罐、搅拌罐、灌溉系统等部件，可实现肥料溶解、养分搅匀、肥液输送等多项功能。其中，可溶性固体肥料因成本低、来源广，在生产中应用较为普遍。但可溶性肥料溶解度差，易造成管路堵塞，影响养分输送。因此，优化肥料溶解装置，改善溶肥工艺，是提高水肥一体化施用效率的关键。刘海军等设计了一种螺旋式溶肥搅拌装置，通过可调速电机带动搅拌轴旋转，利用轴流效应加速溶液对流，可显著改善肥料溶解均匀度，使溶肥效率提高 35% 以上。此外，养分在管路中的均匀性也是影响水肥一体化效果的重要因素。管路过长、管径过小易造成肥液浓度不均，影响作物吸收。应根据灌溉规模、地形条件等，优选管径，缩短管路，并合理布置施肥口，以改善肥液均匀度。同时，应加强灌水管理，控制灌溉强度，延长灌溉时间，促进水肥均匀渗透，为作物吸收利用创造条件。

施肥装置是水肥一体化系统的核心组成。其通过施肥罐、搅拌罐等部件，将肥料溶解并与灌溉水混合，经管道输送到作物根区。目前，常见的施肥装置主要有文丘里施肥器、罗茨施肥泵、电磁隔膜计量泵等。其中，文丘里施肥器结构简单，便于安装，价格低廉，在小型水肥一体化系统中应用较为广泛。但其施肥精度不高，调控不灵活，难以满足精准水肥调控的需求。罗茨施肥泵采用转子挤压原理，具有输送平稳、计量精确、寿命长等特点，但造价较高，多用于大型水肥一体化系统。电磁隔膜计量泵通过电磁线圈控制隔膜往复运动，可灵活调节吸排液量，施肥均匀性好，但易受水质影响，在含泥沙水源地区应用受限。可见，施肥器的选型应根据实际条件，兼顾造价、管理等因素，宜简不繁。同时，要注重提高施肥器的智能化水平，着眼自动监测和反馈控制，促进定量施肥，提高水肥利用效率。

水肥调控模式是实现水肥一体化增产增效的关键。不同园艺作物因品种、生育阶段、栽培模式等差异，对水肥的需求各不相同，采用何种施肥模式直接影响产量和品质的形成。常见的水肥调控模式有定量施肥、比例施肥、梯度施肥等。其中，定量施肥是根据作物需肥特点，按一定浓度配制肥液，定时定量灌溉。尽管操作简便，但忽视了土壤和环境因素，难以适应作物需肥动态变化。比例施肥是将一定浓度的肥液通过施肥罐持续注入灌溉系统，使肥料浓度与灌溉水量保持恒定比例。此法可初步实现水肥耦合，但仍不能充分满足不同生育阶段的需肥差异。梯度施肥是根据作物养分吸收动态，制定各生育阶段施肥浓度，并随灌溉进程同步调控肥液浓度。此法可有效匹配作物“缓增快降”的需肥规律，实现定量、定时、定比例施肥，是当前设施园艺的主要施肥模式。但在实际生产中，由于缺乏养分快速诊断和水肥调控的有效手段，肥液浓度往往凭经验估算，存在养分供应与需求脱节的问题。

水肥自动化控制是未来水肥一体化的发展方向。近年来，3S 技术、物联网、大数据等现代信息技术在农业领域的快速应用，为实现

水肥精准管理提供了新的途径。典型的是基于物联网的水肥一体化智能控制系统，其通过在园区布设土壤水分、养分传感器，以及气象、植被生长等多参数监测节点，并将监测数据上传至数据中心，借助专家系统和智能算法，可实时优化水肥决策，从而实现水肥灌溉全过程的自动调控。目前，北京市农林科学院在延庆设施草莓生产基地率先应用该系统，实现了草莓水肥精确管理，灌溉用水量和肥料用量分别较常规管理降低了25%和20%，草莓产量提高了12%，品质和经济效益显著提升。可以预见，随着农业人工智能的不断突破，自适应、自学习的水肥决策系统必将不断涌现，借助机器视觉、语音识别、知识图谱等技术，可全面感知环境和作物长势，进而自主规划水肥方案，动态优化施肥策略，最终实现农艺管理的无人化和智能化，引领园艺生产向数字化时代迈进。

第三节　园艺作物整形修剪

整形修剪是园艺植物栽培管理中的重要环节，通过人为去除或缩短植株局部器官，调整植株体型，改善群体光照和通风透光条件，从而达到优化源库关系、平衡营养生长与生殖生长的目的。整形修剪因作物种类、栽培制式、生长习性不同而有差异。果树修剪重在塑造紧凑、通透、良好分层的树冠；茶树修剪侧重调节新梢生长，培育壮芽，促进提早采摘；葡萄修剪则要着眼优化果蔬比，控制产量，提升品质。本节将在梳理不同园艺作物整形修剪的生物学基础上，分别从整形修剪原理、作用机制、关键技术等方面进行细致讨论，并提出各具特色的整形修剪模式，为生产实践提供借鉴。

一、整形修剪原理

尽管不同园艺作物因生长习性、器官结构、经济目标的差异，其整形修剪方式不尽相同，但均遵循相似的生理生态原理。深入认识整形修剪的作用机理，揭示不同修剪措施的调控效应及内在规律，对于科学指导园艺生产实践，发挥整形修剪在提质增效上的关键作用具有重要意义。刘满强等系统研究了不同整形修剪方式对矮化密植红富士苹果光合特性、激素水平和产量品质的影响，揭示了改善群体光照、优化库源关系的生理机制，为苹果优质丰产树形构建提供了理论依据[①]。可见，在产量、品质导向下，立足园艺作物生理生态需求，因“树”制“形”，强化协同增效作用，是发挥整形修剪效能，引领园艺生产提质增效的必由之路。

光合作用是整形修剪的重要生理基础。植株通过绿色器官捕获光能，将 CO_2 同化为碳水化合物，为生长发育提供物质和能量。然而，植株各器官对光能的利用存在明显的不平衡性。通常全光下生长的叶片，因“光能过剩”，极易引起光合机构破坏，导致光合效率降低；而植株内部及下部叶片，因受到严重遮荫，光能利用不足，同化能力低下。整形修剪通过改变植株外部形态，优化群体光分布，可有效均衡叶片光能利用，发挥整株光合潜力。尤其在我国南方多雨、光照偏弱的环境条件下，加强透光修剪，疏除内膛枝、下垂枝，改善群体透光性，对于提高光能利用率、促进植株健康生长至关重要。此外，整形修剪可调节冠层结构，促进叶片合理分布。一般而言，上部叶片多呈现水平角度，利于拦截散射光；中部叶片多呈 45° 角，易吸收透射光；而下部叶片则呈现垂直分布，主要利用反射光。冠层内透光度每下降 10%，光合速率下降 20% 左右。因此，树形应“上小下大、中间疏透”，并将生产力枝条分布于冠层外围，最大限度地提高了群体获光能力。张晓明等对比研究了疏散形与紧凑形苹果树光能利用效率，发现疏散形树冠透光性好，叶片净光合速率较紧凑形提高 15.2%，但株高受限，结果部位少，产量潜力不高。由此提出了“疏透上小、紧凑下大”的树形构建理念，为苹果丰产优质树形优化提供

① 刘满强，李云，薛亚丽，等. 修剪方式对矮化密植红富士苹果光合特性、激素及产量品质的影响 [J]. 果树学报，2020，37(9)：1233—1243.

了新思路。

养分运转是整形修剪的另一重要生理基础。植株地上部与根系间养分运转和供求关系，直接影响各器官的生长发育。一般而言，地上部通过同化碳水化合物，向根系输送光合产物，而根系通过吸收水分、养分，向地上部输送矿质营养，二者互为条件，缺一不可。整形修剪改变植株“源库”关系，打破养分运转平衡，进而调控营养生长与生殖生长的关系。刘海燕等研究了不同去叶位置对番茄碳氮代谢及产量的影响，发现打去下部老叶，可显著提高番茄茎秆淀粉含量，促进碳水化合物向果实转运，花果比和单果重分别提高 23.5% 和 11.2%，但植株氮同化能力下降，果实糖酸比降低。由此提出了番茄“疏下留上”的去叶策略，为协调番茄产量和品质提供了新途径。此外，整形修剪对植株激素水平也有显著影响。一般修剪后，植株顶端优势减弱，生长素合成与极性运输受阻，而细胞分裂素等内源激素活性提高，从而打破植株原有的生长势，诱导新梢、花芽形成。王婷等对设施樱桃番茄在不同整形方式下的内源激素含量进行了跟踪监测，发现多茎整形植株的 IAA/ZR 显著低于单茎整形，单花序果实坐果率提高 17.8%，认为顶芽优势减弱和高细胞分裂素水平是多茎整形提高坐果率的主要原因。由此可见，养分供求关系是调控整形修剪效应的关键，应从同化物合成、运转、分配等养分代谢全过程出发，权衡冠层结构与根群生长的协调性，最大限度地发挥整形修剪的增产增效作用。

株型结构是连接整形修剪原理与效应的纽带。不同的整形修剪方式，决定了植株的空间结构和生长习性，进而影响到植株内部的物质循环和信息传递。塑造合理的株型结构，协调群体光能利用与个体养分运转，是发挥整形修剪效能的关键。以苹果树为例，理想的丰产树形一般“横平竖直、通风透光”，分为主干、主侧枝和结果枝三个层次。其中，主干通直，利于养分快速运输；主侧枝平展，便于叶片高效截光；结果枝短粗，有利于提高果实品质。王钰铭等的研究表明，通过主干纺锤形整形，集中分配主干养分，抑制侧枝徒长，再辅以疏花疏果和叶果比调控，果实单果重、着色指数和可溶性固形物含量均明显提高，品质和产量协同提升。

整形修剪是园艺生产中一项重要的树体管理措施，对于优化光能利用、平衡养分运转、塑造合理树形具有重要的调控作用。只有立足光合作用与物质运输的内在规律，把握不同作物特定器官的功能定位，因“树”制“形”，深化整形修剪措施的协同增效作用，才能最大限度地挖掘园艺作物的产量潜力，实现经济价值和生态价值的统一。在此基础上，还应加强不同园艺作物优质丰产树形的构建规律和调控机理研究，创制简便、高效、精准的整形修剪技术模式，并利用信息技术手段，建立和优化整形修剪智能决策系统，最终实现整形修剪的数字化管理，为园艺生产提质增效注入新的活力。

二、常见整形修剪方法

整形修剪是园艺作物栽培管理中不可或缺的一项关键技术，其因作物类型、品种特性、立地条件、栽培制式等因素差异，在修剪时间、修剪部位、修剪强度等方面均存在明显区别，由此衍生出形式多样的整形修剪方法。果树以苹果、梨等仁果类为例，常见整形修剪方式有自然开心形、主干形、多轴延续结果母枝形等；葡萄多采用敞口形、龙干形、双臂形等；而柑橘等常绿果树多采用四缓四急法修剪。以番茄为例，大棚栽培多采用单蔓整枝、双蔓整枝、多蔓整枝等；设施黄瓜常见整枝方法有单蔓整枝、双蔓整枝、Y 字形整枝等；露地西瓜则因品种类型不同，分别采取将军蔓整枝法、双藤蔓整枝法等。由此可见，因地制宜、因“树”施“剪”，把握不同作物修剪时空分布规律，是发挥整形修剪增产增效作用的关键。

果树整形修剪既要着眼于改善树体通风透光条件，又要重视平衡营养生长与生殖生长的关系。就仁果类果树而言，自然开心形整形以顺应树体自然生长习性为宗旨，通过疏除内膛枝、下垂枝，在自然树形基础上培养多层次、多角度的枝梢体系，从而实现通风透光和果实外围分布的有机统一。孙洪波等对比研究了自然开心形与主干形整形对寒富苹果生长和结果特性的影响，发现自然开心形整形植株冠层叶片数量多、单叶面积大，光合速率较主干形提高了11.2%，干物质积累量提高了13.5%，认为自然开心形有利于改善群体光能利用，为树体物质积累奠定基础。主干形整形则立足于人工塑造紧凑、均衡的树冠结构，通过在主干上匀称分布多层结果枝，简化枝梢结构，控制树高和副梢生长，重点培养接近水平方向的高产枝组。董安源等研究了主干形整形对红富士苹果干物质积累与分配的影响，发现主干形植株结果枝数量多，但单枝产果量低，新梢生长量小，营养生长与生殖生长矛盾突出，提出了“重塑轻回缓”的主干形树形优化策略。此外，多轴延续结果母枝形整形是我国南方柑橘的主要整形方式，通过选留3～4个一级主枝，在其上按序分布不同年龄的结果母枝，逐步更新复壮，实现树体良性循环，为柑橘丰产优质提供了有力保障。

葡萄是世界三大果树之一，多采用棚架栽培。相较于果树，葡萄属藤本植物，生长和结果习性差异显著。一般采用短截修剪，培养通直主蔓，分布多层结果母枝，简化枝梢结构，既有利于通风透光，又便于机械化作业。司马华等研究了不同整形方式对设施葡萄生长和品质的影响，发现采用Y形整形显著降低了植株病害发生率，平均单株产量较传统敞口形提高16.5%，果实含糖量、着色度等品质指标也有明显改善，认为Y形整形充分利用了棚架空间，改善了群体受光结构，为设施葡萄丰产优质奠定了基础。崔海燕等通过大样本调查，系统分析了我国各主产区葡萄整形修剪方式，发现我国北方产区多采用敞口形和龙干形，南方产区以双臂形为主，并就不同产区气候、地形、品种等差异，提出了葡萄“南北宜分区，立地择树形”的整形修剪原则，对于指导区域性葡萄园管理、因“材”施“剪”具有重要参考价值。

番茄是世界性蔬菜之一，其整形修剪主要通过摘除腋芽，控制主侧枝生长，调节营养生长与生殖生长的关系。徐晶等对设施番茄春秋两季栽培的整枝方式进行了系统研究，发现采用双蔓整枝时，组培苗木品质提高，定植成活率和坐果率明显高于常规嫁接苗，两季番茄产量较常规嫁接苗分别提高 18.6% 和 22.4%，综合效益最佳。李文明等则聚焦番茄植株内部物质运转规律，提出了“疏下留上”的番茄去叶策略。他们的研究表明，打去番茄下部老叶，可显著促进植株体内糖类物质向上运转，改善果实糖酸比，提高可溶性固形物含量，但会造成植株氮同化能力下降，建议宜轻不宜重。此外，不同番茄品种因植株高矮、分枝能力差异，整枝方式也应有所区别。毛峰等的研究表明，中小果型番茄多采用 3 ～ 4 个主枝的多蔓整枝，而大果型品种如牛肉番茄则以双蔓整枝为宜，高秆型番茄品种适宜采用高折衣架式整枝，借此形成疏散、均衡分布的冠层结构。

黄瓜是我国重要的茎葛类蔬菜，多在保护地周年栽培。黄瓜整枝主要包括主蔓整枝和侧枝整枝两方面，前者重在控制植株高度和冠层大小，后者侧重调节结果枝数量和果实质量。冯秋红等研究了不同整枝方式对设施黄瓜产量和品质的影响，发现采用嫁接双蔓整枝时，植株根系活力高，养分吸收能力强，从而改善了植株库源关系，两季黄瓜产量平均提高了 20.8%，商品性状明显改善，经济效益最佳。李永红等则聚焦嫁接黄瓜整枝高度与结果枝类型配置，构建了主副梢协调发展的整枝模式。研究表明，当整枝高度为 80cm 时，副梢以结果母枝和结果枝构成为宜，单株结果枝数量以 25 ～ 30 个为佳，可使植株干物质和养分积累量最大化，果实产量和品质协同提升。值得注意的是，随着黄瓜矮化密植栽培模式的兴起，适应密植的简化整枝技术备受关注。何文铨等提出了黄瓜“一干多果”高产简化整枝模式，即选留 1 个主蔓，在主蔓上每 2 片叶选留 1 个侧枝，打去其余侧枝和卷须，既能获得较高的种植密度，又能显著提高单位面积产量，为黄瓜高效栽培提供了新思路。

西瓜属葫芦科蔬菜，是一年生蔓生藤本作物，整枝重点在于控制蔓生长，调节叶果比。李松等基于西瓜不同蔓类型的生长发育特点，提出了西瓜“双藤蔓三级整枝”方案。该方案以将军蔓和结果蔓为主蔓，两侧对称布置次级副蔓，形成“一主多副”格局，可有效控制无效蔓生长，改善植株通风透光条件，提高田间郁蔽度，为西瓜丰产优质奠定基础。王强等通过研究地膜覆盖对西瓜蔓枝生长发育及结果特性的影响，优化了基于微地形的西瓜垄作整枝技术。研究表明，西瓜垄上整枝以双蔓为宜，将主蔓引向垄间，副蔓平铺于垄面，既可增加透光面积，又能避免烂蔓和烂果，植株干物质积累量和果实商品品质显著提高。可见，立足不同栽培立地，协调蔓、叶、果间的关系，优化群体田间分布，是西瓜整枝的关键。

整形修剪方法是园艺作物高产优质树形构建的重要手段，其宗旨是在满足植物自身生长发育需求的基础上，通过人为调控使植株内外部形态达到最佳状态，进而实现通风透光条件改善、同化物合成与分配优化、营养生长与生殖生长平衡的目标。因此，探索不同作物类型的整形修剪方法，揭示其调控植株生长发育的作用机理，对于发挥整形修剪增产增效、提质增效潜力，引领园艺产业向绿色化、优质化发展具有重要意义。在实践中，应立足不同作物生长发育规律，遵循整形修剪的一般原理，因“树”制“形”，大力发展适合机械化作业的简单化、标准化整形修剪方法，并加强整形修剪与嫁接等多种栽培措施的耦合集成，不断拓展应用范围，为现代园艺产业发展插上科技的翅膀。

三、不同作物的整形修剪要点

园艺作物的种类繁多，不同类型的作物在整形修剪上存在较大差异。因此，整形修剪要遵循因地制宜、因种制宜的原则，根据不同作物的生物学特性和栽培目的，采取相应的修剪方式和技术措施。

下面结合我国几类主要园艺作物的特点，重点阐述其在整形修剪方面的关键技术要点。

对于果树类园艺作物而言，整形修剪的核心目标是通过对树形和树冠的合理塑造，在早期实现高产稳产，后期维持良好通风透光条件，减少病虫害发生，最终实现高效优质生产。以苹果为例，苹果属多年生落叶果树，整形修剪贯穿整个生育期。幼树期应以培养骨干枝为主，通过短截、疏枝、环刮等措施，促进树冠快速形成；结果期则以稳定和完善树形为主，通过疏剪、短剪等调节树冠大小，改善通风透光条件；衰老期应以更新复壮为主，采取强短截、回缩修剪，降低树高，诱发新梢。同时，要做好不同品种、栽培模式的适应性修剪。比如，柱状苹果多采用主干形整形，修剪重点在于培养粗壮主干和多层结果枝；而黄金嘎啦等丰产性品种多采用疏散形整形，修剪重点在于控制旺长，培育多年生结果枝。梨、桃、李等其他落叶果树的整形修剪原理与苹果相似，但在修剪时间、力度等方面存在一定差异，需要因“树”制宜。对柑橘等常绿果树则要注重利用顶端优势，多采取疏放结合的修剪方式。葡萄藤属多年生落叶藤本果树，一般采用“一年生枝结果”的修剪方式，重点培养粗壮主蔓和多个接续母枝，衰老母枝及时更新，促进新梢抽发。总的来说，果树的整形修剪应与树龄、品种、环境、目标产量等密切结合，做到修剪时间适宜，修剪位置得当，修剪强度适中。

对于蔬菜类园艺作物而言，整形修剪主要目的是通过优化群体结构，改善通风透光条件，提高光能利用率，协调营养生长与生殖生长的矛盾，最终实现增产增效。以番茄、黄瓜为例，番茄是茄果类蔬菜的代表，属于常绿多年生草本，但一般当作一年生栽培。番茄苗期多采取摘心、打杈处理，控制旺蔓徒长；开花坐果后及时摘除腋芽，集中养分供应果实；果实采收后及时摘叶，促进后续花序坐果。番茄整形以单杆整枝为主，结合不同品种、设施类型采取多主茎、双茎、三角式整枝等多种形式。黄瓜属于葫芦科一年生蔓生草本，幼苗

期注重顶芽和第一腋芽的培养，花果期及时摘除腋芽、副梢和老叶，改善通风透光，集中养分到瓜果。同时要重视花果期调控，促进雌花坐果，减少畸形果。番茄、黄瓜设施栽培还要做好垂直整枝，及时吊蔓，改善通风透光，减少病虫害。茄子、辣椒等茄果类蔬菜多采取疏枝整枝。蒜薹、油麦菜等茎叶菜类则多不留主茎，多分枝。豆角、豌豆等豆类蔬菜应及时搭架吊蔓，防止徒长，改善透光。总之，蔬菜整形要把握不同种类的生长发育规律，结合设施类型、栽培制式、品种特性，因“菜”制宜，促进植株高产优质。

对于花卉类园艺作物而言，整形修剪的主要目的是调控花期，优化植株形态，提高观赏价值。以菊花、月季为例，菊花属于多年生宿根草本花卉，自然状态下秋季开花。菊花整形多在春季萌芽初期和现蕾初期进行，前者称返蕾修剪，旨在抑制早期现蕾；后者称疏蕾修剪，旨在调节花芽数量。通过花芽疏除和生长调节剂处理，可有效延迟菊花花期，实现反季节栽培。同时，应做好吊蔓和摘心，控制植株高度，培养紧凑丛状植株。月季属于常绿灌木，四季开花。月季整形要把握“疏、短、下”三大原则，即疏剪衰弱枝、病虫枝，短剪生长枝、开花枝，剪口朝下，促发新梢。同时要及时摘除残花，防止养分过度消耗。月季品种繁多，藤本月季应重视主蔓培养，灌木月季应重视丛状整形。盆栽月季还应控制植株大小，培养花繁叶茂、四季常青的观赏效果。其他花卉的整形修剪各具特色，如百合多采取疏蕾和短截处理，使花朵丰满，植株紧凑；对郁金香则多注重疏叶保花，防止徒长；唐菖蒲要做好花期前的疏叶，花后及时剪除残花，以利新芽生长。总的来说，花卉整形修剪要突出观赏性，突出花期调控，做到因“花”制宜。

对于茶叶、桑葚等特种经济作物而言，整形修剪的核心目标是优化群体光照环境，协调营养生长与生殖生长，最终实现经济产量与品质的统一。以茶树为例，茶树属于常绿灌木或小乔木，自然状态下春芽萌发较早，生长旺盛。茶树整形以幼龄期和成龄期两个阶段为主，前者重在培养主干和主枝，后者重在调节采摘面。通常采取短截复壮和疏枝优株等措施，既要保证通风透光，又要促进新梢生长。同时，还要做好不同茶种的适应性修剪，如古树茶多留大砧木，有利于嫁接；绿茶多做扁平状整形，有利于机采；红茶多做圆头状整形，有利于提高品质。值得注意的是，茶树整形修剪与采摘密切相关，采摘过重会影响新梢生长，采摘过轻又难以满足生产需求。因此，茶树整形修剪要把握采摘节奏，做到四者兼顾，即兼顾树形、产量、品质、寿命。桑树属于落叶灌木或小乔木，桑葚的整形修剪与葡萄相似，重点培养多年生主枝，回缩修剪，诱发新梢。同时，还要重视遮阴管理，控制水分和肥力供应，防止徒长，促进芽果形成。总的来说，特种经济作物整形要突出栽培目的，突出产量品质，因“种”制宜。

不同园艺作物的整形修剪各具特色，需要因“种”制宜、因“地”制宜，深入把握其生长发育规律，遵循整形修剪的一般原理，结合具体的栽培实践，制定切实可行的技术方案。只有这样，才能充分发挥整形修剪在优化光环境、调节生长发育、提升产量品质等方面的功效，最终实现增产增效的目标。这对于优化种植业布局、提升园艺作物综合生产能力、保障国家食品安全和现代农业发展都具有十分重要的现实意义。当然，整形修剪实践具有很强的经验性和艺术性，需要园艺工作者在实践中不断总结和创新。同时，随着现代生物技术、信息技术的发展，整形修剪逐步向自动化、智能化方向升级，这就需要加强多学科交叉融合，在深化基础理论研究的同时，大力开展关键技术攻关，完善技术标准规范，优化集成应用模式，不断开创整形修剪工作新局面，为我国园艺产业高质量发展添砖加瓦。

第四节　园艺作物病虫草害防治

病虫草害是制约园艺作物优质高效生产的重要因素。近年来，随着园艺种植规模的不断扩大，加之农药化肥过度使用导致的面源污

染问题日益突出，园艺作物病虫草害问题更加复杂多变，给农业生态环境和农产品质量安全带来巨大威胁。因此，树立预防为主、绿色防控的现代植保理念，针对性地采取农业、物理、化学、生物等多种防控措施，遏制病虫草害的发生与蔓延，对于保障园艺作物优质安全生产、实现产业可持续发展具有十分重要的意义。本节将全面论述园艺作物病虫草害防控的核心理念、主要途径、关键技术，旨在为构建现代农业植保体系，推进农业绿色发展提供科学指引和实践样本。

一、主要病害及其防治

园艺作物病害是影响园艺产业健康发展的重要限制因素，科学有效的病害诊断与防控是保障园艺作物优质高效生产的重要基石。近年来，随着园艺产业规模化、集约化水平的不断提升，加之种植制度、栽培方式、品种更替等因素的影响，部分病害在园艺作物上呈现多发频发态势，给农业生态环境和农产品质量安全带来巨大威胁。陈萍等通过连续 5 年跟踪监测，揭示了我国 26 个省（区、市）番茄晚疫病致病型的时空分布规律，建立了覆盖全国的番茄晚疫病监测预警体系，为番茄晚疫病防控策略的优化完善提供了重要依据[①]。可见，深入认识园艺作物病害发生发展规律，把握植—病—环多元互作机制，因“病”施“策”，构建综合防控体系，对于减轻病害危害，推进园艺产业绿色可持续发展具有十分重要的意义。

园艺作物病害种类繁多，不同病原菌在寄主体内引起的发病机理不尽相同。就病原菌危害部位而言，可分为地上部病害和地下部病害。其中，地上部病害多由真菌、细菌等病原物引起，常见的有叶斑病、炭疽病、白粉病、疫病、锈病等。以番茄叶霉病为例，该病由番茄叶霉菌引起，孢子在气流作用下传播，当温度为 15 ～ 20℃、相对湿度为 85% 以上时极易发生。叶片受害后出现褐色斑点，迅速扩

① 陈萍，崔晓露，冯晨辉，等 .2009 ～ 2013 年中国番茄晚疫病致病型变化及其分布特征研究 [J]. 中国农业科学，2015，48(3)：441—449.

大成不规则病斑，严重时可导致叶片枯死，危害叶片光合功能。李永梅等的研究表明，番茄叶霉病发生与番茄花青素和生长素含量密切相关，受害组织中花青素含量显著升高，而生长素含量明显降低。因此，可通过外源激素调控，提高番茄内源抗性，这是防治叶霉病的有效策略。地下部病害则多由土壤病原菌引起，如根腐病、黄萎病、青枯病等。以草莓根腐病为例，该病主要由革兰氏阴性菌引起，病原菌以游走孢子、卵孢子或菌丝体在土壤中越冬，当土壤温度为15～30℃、湿度饱和时侵染草莓根系，导致根系腐烂坏死，地上部生长衰弱，甚至整株枯萎死亡。刘俐等分析了土壤水分和温度对草莓根腐病发生的影响，发现控制出苗期土壤含水量在60%左右，温度低于25℃，可有效降低草莓根腐病发病率。因此，调控土壤水热条件，改善根际微环境，是防控草莓根腐病的关键举措。

病害防治措施因病原物种类、危害方式及寄主特性差异，在使用时机、使用方法等方面存在明显区别。就使用时机而言，可分为预防、治疗和根除三种类型。其中，预防措施多在病害发生前采取，旨在营造不利于病原物生长繁殖的环境条件，提高寄主抗病性。常见的预防措施有合理轮作、选用抗病品种、育苗移栽、土壤消毒等。江洪等研究了覆盖茬口番茄连作障碍的土壤消毒措施，结果表明，采用50%多菌800倍液喷雾处理，可有效降低土传病原菌密度，提高番茄成苗率和产量。治疗措施则在病害发生后及时采取，重点遏制病原物的扩散蔓延。常采用化学防治与农业防治相结合的方式，及时清除病株，破坏病原物赖以生存的条件。王桂花等针对大棚草莓灰霉病的防治，提出了“预防为主，综合防治”的原则，建议在发病初期喷施50%多菌灵和3%咪鲜胺水剂，并及时疏除密集叶片，加强通风，控制棚内湿度，可以取得显著防治效果。此外，对于危害严重、蔓延迅速的病害，还要采取根除措施，彻底清除田间病原物。孙艳梅等对设施番茄青枯病菌的化感抑制作用进行了研究，发现青枯病菌对番茄生长和产量具有显著的化感自毒作用，并从青枯病菌中分离鉴定出8

种化感物质。据此，他们提出了施用 rivals、异噻唑 3 号等化感抑制剂，并彻底清除残株残根，切断病原物传播途径的根除策略。

按防治手段不同，可将病害防治措施分为农业防治、化学防治和生物防治三种类型。农业防治是利用农业技术措施，通过调控植株生长发育，改善小气候条件，增强植株抗病能力，从而达到控制病害的目的。常见措施有合理密植、科学整形修剪、加强田间卫生管理等。孟现瑞等研究了不同密度和整形方式对番茄病毒病发生的影响，结果表明，密度以 3.3 ～ 4.2 株 / 平方米为宜，整形以双主蔓整枝和 4 ～ 5 片叶摘心为佳，这样可显著降低番茄病毒病发病率，提高植株抗病性和光合效率。化学防治则是利用人工合成或天然提取的化学药剂，通过杀灭病原物或抑制病原物生长而控制病害。目前，园艺生产中使用的化学农药品种多样，如杀菌剂、抗病毒药剂、植物免疫诱导剂等。值得注意的是，化学防治在发挥快速、高效、对症优势的同时，存在农药残留超标、病原抗药性增强、农田生态失衡等问题，应严格遵循安全间隔期和药剂轮换使用原则。生物防治是利用寄主的天敌生物或拮抗微生物，通过与病原物竞争营养、分泌抑菌物质等方式，达到治理病害的目的。崔宏伟等从土传青枯病菌中分离筛选出拮抗菌株芽孢杆菌 H-6，发现其对青枯病菌具有较强的抑制作用，并通过产生游离铁离子、分泌铁载体等机制，在土壤中与青枯病菌竞争营养而起到防病治病效果。尽管生物防治对生态环境安全无害，但防治见效慢、持效期短，难以充分满足规模化生产需求，未来需在新型生防制剂开发、施用工艺优化等方面加大研究力度。

二、农业防灾主要虫害及其防治

园艺作物虫害是影响园艺作物产量与品质的另一重要限制因子。据不完全统计，我国每年因虫害造成的园艺作物损失高达 30% 以上，给农民增收和农业现代化进程带来严重阻碍。园艺作物种类繁多，生长发育各具特点，加之不同区域气候、地形、耕作方式差异显著，造成危害园艺作物的虫害种类呈多样化特点。蔬菜以粉虱、蚜虫、潜叶蝇等吸汁性害虫危害最严重，果树则以食叶害虫如桃蛀螟、柑橘潜叶蛾等和蛀干害虫如梨小食心虫、落叶果蛀蛾等为主，茶树上蚜虫、红蜘蛛、茶毒蛾等危害频发，花卉常见虫害有蓟马、蚧壳虫、粉虱等。张岩岩等统计分析了我国西北苹果产区 5 种苹果主要害虫的时空分布动态，揭示了桃蛀螟、斑点透翅蛾等害虫的迁飞规律和危害程度，为制定区域性苹果虫害综合防控措施提供了重要参考。可见，加强园艺作物主要害虫的生物生态学研究，明晰不同虫害的发生规律和危害机制，是科学制定防控策略，实现虫害可持续治理的关键。

吸汁性害虫是园艺作物虫害防治的重点对象。粉虱、蚜虫、飞虱等吸汁性害虫以刺吸式口器直接吸食寄主体内汁液，破坏植株体内养分运输，造成叶片卷曲变黄，植株生长不良，严重时可导致植株枯死。尤其在设施环境下，温湿度适宜，寄主集中连片，极易引发吸汁性害虫暴发成灾。王会芳等研究了不同施氮水平对番茄棚室蚜虫发生的影响，发现随着施氮量的增加，番茄体内游离氨基酸和可溶性糖含量上升，蚜虫取食适口性增加，繁殖能力显著提高。据此，提出了设施番茄减氮控害、平衡施肥的防治对策。针对吸汁性害虫的防治，除加强农事操作如清洁田园、及时拔除病虫株外，适时喷施高效低毒农药如吡虫啉、啶虫脒等，可有效控制虫口密度。但需注意，部分吸汁性害虫如烟粉虱、茶翅蝽等对传统农药产生明显的抗性，加之农药污染日益突出，亟须创制对靶标专一性强、对天敌安全的新型农药，优化施药工艺，破解园艺作物吸汁性害虫防控的瓶颈制约。

食叶害虫和蛀干害虫是果树、茶树等木本园艺作物的常见害虫。桃蛀螟、梨小食心虫、柑橘潜叶蛾等均以幼虫蛀食叶片或果实，影响植株光合作用和果品商品性；而梨星毛虫、茶毒蛾、苹果蛀蛾等主要危害茎干、枝条，导致植株衰弱、减产。针对此类害虫的防治，白玉昆等从柑橘潜叶蛾趋光特性入手，研发出频振式杀虫灯，利用特定波

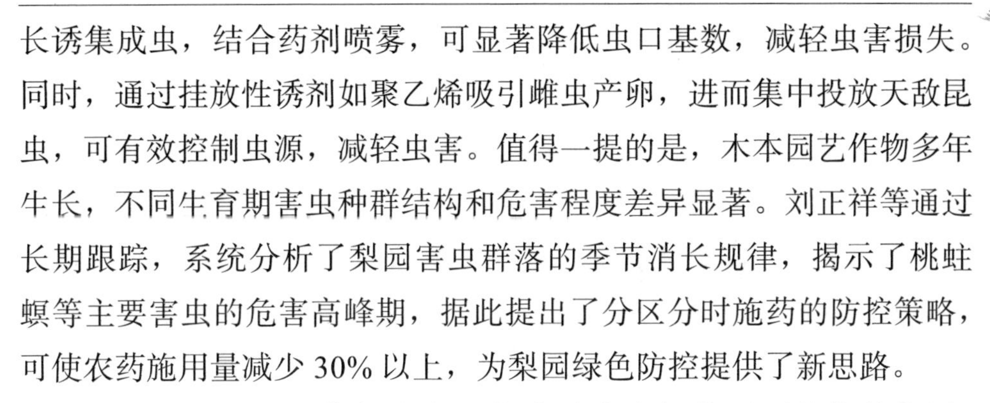

长诱集成虫，结合药剂喷雾，可显著降低虫口基数，减轻虫害损失。同时，通过挂放性诱剂如聚乙烯吸引雌虫产卵，进而集中投放天敌昆虫，可有效控制虫源，减轻虫害。值得一提的是，木本园艺作物多年生长，不同生育期害虫种群结构和危害程度差异显著。刘正祥等通过长期跟踪，系统分析了梨园害虫群落的季节消长规律，揭示了桃蛀螟等主要害虫的危害高峰期，据此提出了分区分时施药的防控策略，可使农药施用量减少 30% 以上，为梨园绿色防控提供了新思路。

天敌昆虫在园艺作物虫害生物防治中发挥着不可替代的作用。蜘蛛、草蛉、瓢虫、寄生蜂等均以捕食或寄生方式，可控制蚜虫、粉虱等害虫种群数量，维系田间生态平衡。目前，园艺生产中广泛应用的天敌昆虫达数十种。其中，以丽蚜小蜂、隐翅虫等寄生性天敌防治蔬菜蚜虫，防治效果可达 80% 以上；以草蛉、瓢虫等捕食性天敌防治茶园害虫，使农药减施 50% 以上。尤其在设施环境下，温度、湿度、光照等环境因子易于人工调控，更有利于发挥天敌昆虫的持续控害作用。朱祯等从露天黄瓜田引进瓢虫、蜘蛛等天敌，在日光温室内大量繁殖，进而在黄瓜苗期投放并多次释放，有效控制了蚜虫危害，使 100000m^2 温室农药减施 80%，经济、生态效益显著。然而，园艺作物种植环境复杂，天敌昆虫引进后易受农药污染和异常气候的影响，田间定殖能力和持效期有限，这就需要完善天敌繁育体系，创制高效益生态的天敌产品，协同农事操作，增强天敌昆虫释放后的稳定性，充分发挥其控害减灾的生态功能。

三、草害防治

草害是危害园艺作物生长发育的又一重要限制因素。据统计，我国每年因杂草危害造成的园艺作物减产达 15% ～ 20%，给农业生产和农民增收带来严重损失。园艺作物因栽培方式、种植环境、生长习性差异，其受草害危害的程度和表现各不相同。一般来说，菜田杂草以禾本科、莎草科、藜科等阔叶杂草为主，与蔬菜争夺水肥、遮阴，导致蔬菜生长不良、产量下降；果园杂草以多年生藤本、根茎型杂草危害较重，缠绕树体，影响通风透光，加重病虫害发生；而茶园、花卉等因植株矮小，极易被杂草荫蔽，出现生长缓慢、品质降低等问题。庞学文等系统调查了新疆南疆地区棉田杂草的种类组成及其危害，发现藜、苋等阔叶杂草密度最大，会显著抑制棉花出苗和生长，使其减产 10% 以上。由此可见，深入认识园艺作物田间优势杂草的种类、生活习性，揭示其危害园艺作物生长发育的作用机制，是科学制定草害防治对策的基础。

化学除草是当前园艺生产中主要的除草方式。按照除草剂的作用方式，可分为选择性除草剂和非选择性除草剂两大类。其中，选择性除草剂因具有一定的作物选择性，在杀灭杂草的同时不伤害作物，因而在果树、茶树、蔬菜等园艺作物田间除草中应用广泛。如石炭酸丁酯钠可选择性防除瓜类、茄果类蔬菜田间的一年生阔叶杂草，而对藜、苋等杂草的防效较差。非选择性除草剂因缺乏专一的作用靶标，对杂草和作物均具有杀伤作用，多用于果园、菜田、茶园等的定向或带状喷雾除草。如草甘膦属于非选择性除草剂，可快速杀灭园艺作物田间的多种阔叶杂草和禾本科杂草，但同时会抑制作物生长，在蔬菜等娇嫩作物田应慎用。值得注意的是，随着除草剂大规模、长期使用，杂草抗性不断增强，个别杂草如稗草、看麦娘等对多种除草剂产生明显的交互抗性，严重制约了除草剂的治理效果，这就需要合理轮换除草剂的使用，优化除草剂配伍，延缓抗性杂草的出现。

覆盖除草是一种农业生态除草技术，通过秸秆还田、地膜覆盖等措施，抑制杂草萌发生长，减轻杂草危害。一般而言，秸秆覆盖可通过遮光、隔离、化感作用等多种途径，抑制杂草种子萌发，控制杂草危害。如小麦秸秆覆盖可有效防除菜田灰藜、藜等阔叶杂草，覆盖厚度以 5cm 为宜，杂草防除效果可达 80% 以上。覆盖除草在设施蔬菜生产中应用较普遍，不仅可有效防除杂草，还能保温保墒，提高蔬

菜产量和品质。如对番茄、辣椒等茄果类蔬菜，采用地膜覆盖，不仅可杀灭胚盘、马唐等恶性杂草，还能显著提高土壤温度，改善蔬菜生长条件。潘蓉等对不同覆盖材料的草害防治效果进行了系统评价，发现生物可降解地膜较普通地膜和秸秆具有更好的除草增产效果，西瓜、甜瓜产量平均提高 15% 以上。可见，将覆盖技术与绿色环保材料相结合，因地制宜地优化覆盖除草模式，是实现园艺作物田间杂草综合防除、化学农药减量使用的有效途径。

人工除草是传统的草害防治方式，至今在园艺生产中仍占有重要地位。番茄、茄子等蔬菜移栽时，结合中耕除草，可有效清除地表萌发杂草，为蔬菜生长创造良好条件。果树、茶树等采用人工除草，更有利于培肥地力，促进养分释放，减轻除草剂对土壤环境的污染。然而，人工除草劳动强度大、除草效率低，随着农村劳动力成本的快速攀升，越来越难以满足园艺生产除草需求。因此，发展现代除草机械，提高人工除草效率，已成为草害防治的重要发展方向。李杰等研制出微型自走式茶园除草机，配备直立轴割草装置，作业效率是人工除草的 10 倍以上，割草高度可控制在 2cm 以内，茶树受损率不到 1%，有效解决了茶园除草的瓶颈问题。此外，随着自动导航、视觉识别等技术不断进步，自动除草机器人研发日益受到重视。陈强等开发了基于计算机视觉的自主式蔬菜田除草机器人，通过实时识别作物与杂草，自主规划行走路径，定点喷施微量除草剂，实现了杂草的精准防除，为未来园艺作物草害防治的信息化、智能化发展提供了新思路。

四、减灾技术

园艺作物种植面临的自然灾害风险日益加剧，极端气候事件频发，病虫草害难以预测，给园艺生产和农民增收带来严重威胁。及时开展防灾减灾，提高园艺作物抵御自然灾害的能力，对于保障园艺产业安全、维护农民根本利益具有重要意义。一般来说，影响园艺作物的气象灾害主要有干旱、洪涝、霜冻、冰雹等，病虫草害主要有病毒病、真菌病、细菌病和蝗灾、鼠害等。近年来，随着现代农业科技的不断进步，园艺作物防灾减灾技术日益丰富，在抗逆品种选育、水肥调控、小环境改善等方面取得了显著进展。张宏博等通过分子标记辅助选择，培育出耐旱、耐低温的番茄新品种“中抗 101”，可使在干旱胁迫下坐果率提高 20% 以上，为番茄抗旱减灾提供了新途径。可见，加快园艺作物抗逆机制研究，创制减灾增效新技术，对于提升园艺产业综合防灾减灾能力，夯实园艺产业发展的根基，保障国家粮食安全、助力乡村振兴具有重大意义。

抗逆品种选育是提高园艺作物抗灾减灾能力的根本出路。不同园艺作物品种，因遗传基础、生长发育特性差异，其抗逆性存在明显差异。通过现代生物技术手段，挖掘优异抗逆基因，培育兼具丰产、优质、多抗性状的新品种，是减轻自然灾害影响、稳定园艺作物生产的根本保障。番茄是我国和世界范围内最重要的茄果类蔬菜之一，但极易受低温、干旱等逆境胁迫，育种难度大。王永明等从野生番茄中筛选出 1 个耐冷基因，利用分子标记辅助选择技术，将低温诱导蛋白基因 SICBF1 导入栽培番茄，获得的转基因番茄耐寒性显著增强，其冷害发生率降低 30% 以上。此外，有学者利用基因工程技术，将水稻抗旱基因 DREB1A 导入黄瓜，获得的转基因黄瓜在干旱胁迫下果实产量、品质明显优于对照，为黄瓜的抗旱育种提供了新思路。可以预见，随着现代生物技术的快速发展，基因组编辑、合成生物学等将在作物抗逆机制解析和新品种创制中发挥越来越重要的作用，多基因聚合改良、植物新种质创制、超级农作物设计等必将成为未来园艺作物抗逆育种的新方向，为提升园艺作物抗灾减灾能力提供强大的生物学基础。

水肥调控是缓解园艺作物逆境胁迫，减轻灾害损失的重要农艺措施。通过调节土壤水分、养分状况，可显著改善作物根系生长环

境，提高植株抗逆性。李楠等研究了不同灌水制度对设施西瓜枯萎病的影响，发现采用滴灌较漫灌显著降低了西瓜枯萎病发病指数，灌水定额以 200 立方米 / 亩为宜，每 7 天灌溉 1 次，可使西瓜产量提高 12.5%，品质明显改善。此外，水肥调控在改善园艺作物抗寒性方面有独特作用。研究表明，适度的水分亏缺有利于果树体内脯氨酸等渗透调节物质的积累，进而提高植株的抗寒性。何静宜等研究了氮肥运筹对大樱桃抗寒性的影响，发现在花芽分化期和落叶前适度减少氮肥用量，可显著提高树体细胞液渗透浓度，增强植株抗寒性，树体冻害率较常规施肥降低 15% 以上。同时，通过叶面喷施水溶肥等营养液，是增强植株抗逆性的有效措施。贾敬敦等采用磷酸二氢钾叶面喷施，使番茄植株体内脯氨酸、可溶性糖含量明显上升，抗寒性显著增强，冻害发生率降低约 20%。由此可见，立足区域气候特点，优化灌溉施肥制度，因地制宜采取增强抗性的调控措施，是提高园艺作物抗灾减灾能力的有效途径。

小环境改善是园艺作物防灾减灾的重要基础。通过农田基本建设、栽培措施优化等，改善小气候条件，可为园艺作物营造适宜的生长发育环境，提高植株抵御自然灾害的能力。大棚、日光温室、塑料小拱棚等设施的广泛应用，有效降低了霜冻、连阴雨等灾害性天气对蔬菜生产的不利影响，使蔬菜周年均衡上市成为可能。王俊峰等通过改良日光温室顶部开合方式，优化了温室通风方式，有效降低了温室番茄的湿度，减少了灰霉病等病害的发生，显著提高了番茄的商品性产量。在果树栽培方面，通过合理密植、科学修剪，塑造疏散、透气的树冠，可显著减轻大风、冰雹等灾害对果树的危害。杨荣昌等的研究表明，采用行距 3m、株距 2m 的密植方式，配套多轴延续修剪，可使果园透光率提高 15% 以上，受台风危害程度较常规疏植降低 30%，为台风多发区的果树减灾提供了可资借鉴的经验。此外，加强田间除草、排灌沟渠清理，及时疏除病虫枝叶，清运病株残体，保持田园整洁，是改善园艺作物生产环境、减轻灾害损失的重要措施。

纵观本章园艺作物栽培管理的各个环节，从定植技术、水肥管理、整形修剪到病虫草害防治，无不体现了现代农业科技的巨大进步。作为园艺学科研究的核心内容，栽培管理贯穿园艺作物生产的全过程，在优化资源配置、提升产品品质、增强园艺作物抗逆性等方面发挥着不可替代的作用。

展望未来，随着现代生物技术、信息技术、智能装备的快速发展，园艺作物栽培管理必将向精准化、智能化方向加速迈进。基因组编辑、合成生物学等将在优良品种选育、抗逆机制解析等方面取得重大突破；物联网、大数据、人工智能等将在智慧农业系统构建、精准水肥调控等领域得到广泛应用；机器人、自动化装备等将在整形修剪、病虫草害防治等环节实现规模化应用。整体而言，多学科交叉融合必将进一步加深园艺作物高效栽培的科学内涵，拓展栽培管理的广度和深度。

在此基础上，深入探究不同园艺作物的生长发育规律，针对性地制定绿色高效、优质多抗的栽培技术模式，发挥良种良法配套、水肥一体调控、农机农艺融合的潜力，切实将先进适用技术转化为现实生产力，将是未来园艺学研究的重点方向。只有立足国情、放眼世界，加强原始创新、集成创新，不断突破园艺产业发展的瓶颈，提升资源利用效率、保障农产品有效供给，才能推动我国从园艺生产大国向园艺科技强国跨越，为农业农村的现代化建设注入不竭动力。

第五章 园艺作物栽培的生态效应

园艺作物栽培不仅关乎农产品供给和农民收入，更与生态环境密切相关。一方面，园艺生产活动直接影响土壤理化性状、养分循环、温室气体排放等农田生态过程；另一方面，农田生态系统的结构与功能又反过来制约了园艺作物的生长发育，及其产量和品质的提升。此外，随着现代农业的快速发展，化肥农药过量施用、地膜污染、连作障碍等一系列生态问题日益凸显。如今，系统评估园艺作物栽培的生态效应，阐明园艺生产与生态环境的互馈机制，创新生态友好型栽培模式，已成为现代园艺绿色发展的内在要求。本章将从农田小气候、土壤、水、生物多样性四个视角，深入剖析园艺作物栽培对农田生态环境的影响，总结出能够减缓负面生态效应、发挥正向生态功能的关键措施，以期为园艺生产与生态文明和谐共生提供理论指导和实践借鉴。

第一节 园艺作物栽培对农田小气候的影响

在应对全球气候变化的大背景下，园艺作物栽培的大气环境效应日益受到关注。一方面，园艺生产过程中的温室气体排放，会对区域乃至全球气候变化产生一定影响；另一方面，园艺作物独特的光合作用和蒸腾作用，又对调节局地小气候、改善大气环境质量具有不可替代的作用。加强园艺作物栽培碳汇功能的定量评估，优化农田氮肥管理措施，挖掘园艺植被的生态服务功能，对于助力国家应对气候变化目标实现，推动园艺产业绿色低碳发展具有积极意义。本节将重点分析不同栽培制度下温室气体减排增汇潜力、氮肥运筹对氧化亚氮排放的影响规律，以及园艺作物种植对局部小气候、大气污染物的调控作用，总结农田温室气体减排和园艺植被生态功能提升措施，以期为园艺生态文明建设提供有益借鉴。

一、小气候特征及其形成机制

农田小气候是指农田及其附近一定高度范围内的气象要素状况，其变化规律与垂直高度、下垫面性质密切相关，具有显著的地域性和局地性特点。与区域大气候相比，农田小气候具有能量积累快、散失快，昼夜温差大，风速低，湿度大等特征。如何系统认识农田小气候的形成机制，把握其时空演变规律，对于优化农田生态环境，提升园艺作物产量品质，实现产业可持续发展具有重要意义。

农田小气候主要受太阳辐射、下垫面性质、大气环流等因素的综合影响。太阳辐射是农田能量的主要来源，通过短波辐射、长波辐射等方式，影响农田温度、湿度等小气候要素的时空分布。不同农田具有不同的下垫面，如裸土、作物、水面等，它们各自对太阳辐射的反射、吸收、散失能力差异显著，从而在各处形成了不同的小气候效应。大气环流则是通过平流、湍流等方式，影响农田与大气间的能量交换，是农田小气候形成的另一重要驱动力。此外，农田周边的地形、植被、水体等也会对小气候产生不同程度的影响。

从能量平衡的角度看，农田小气候系统主要包括辐射平衡、感热平衡和潜热平衡三个过程。辐射平衡主导农田能量收支，感热平衡调节空气温度变化，潜热平衡则影响水汽凝结和蒸发。三个平衡过程相互交织，动态耦合，最终形成一个相对稳定的小气候系统。比如，白天农田接受太阳辐射，通过感热交换使近地面空气增温，同时太阳辐射也驱动了土壤和植被的蒸发蒸腾，潜热的吸收又削弱了气温的

升高幅度。夜间农田长波辐射散失，空气温度下降，相对湿度升高，水汽易凝结成露或霜。不同的农田生态系统，其小气候特征也存在显著差异。与常规农田相比，设施农田小气候具有更为鲜明的特点。塑料大棚、日光温室等设施能够显著改变辐射传输过程，提高农田能量截留效率，使棚内温度普遍高于棚外。与此同时，设施农田通风换气受限，空气湿度偏大，易形成高温高湿的小环境。再如，我国南方冬春季设施蔬菜常采用小拱棚覆盖，内外棚叠加，小棚内与大棚内温差可达 10℃以上，形成了独特的“棚中棚”小气候。此外，农田地表覆盖方式的差异，对小气候特征也有明显影响。秸秆覆盖、地膜覆盖等可改变农田地表反照率和热容量，进而影响近地面能量收支过程。有研究表明，秸秆覆盖可使局部气温降低 1.3 ～ 2.5℃，增湿 15% ～ 20%。

从昼夜变化来看，农田小气候具有明显的日变化规律。研究表明，农田近地面气温、湿度、风速等呈现不同的日变化特征。一般来说，气温日变幅随离地高度的增加而减小，风速日变幅则随高度增加而增大。就湿度而言，近地面湿度日变化不明显，而离地 1.5m 以上，湿度日变幅随高度增加。小气候要素的日变化特征，主要取决于农田辐射能量的昼夜变化规律。白天太阳辐射使地表增温，触发感热和潜热交换，近地面气温迅速升高，湿度下降；夜间长波辐射冷却，近地面气温骤降，水汽易凝结成露。小气候要素日变化的振幅和位相，又受农时季节、天气状况、管理措施的影响。准确把握小气候日变化特征，对于农时管理、农田灾害预防等具有重要指导意义。

此外，农田小气候还具有明显的季节性和年际变化特征。一方面，农田辐射收支、下垫面状况随农时季节的推移而发生周期性变化。如夏季太阳辐射强，农作物生长旺盛，叶面积指数大，蒸腾散热显著，使局部小气候呈现高温低湿的特点；冬季太阳辐射弱，农田蒸发蒸腾微弱，近地面气温低，日温差小，相对湿度大。另一方面，区域气候变化的影响，也会使同一农田小气候在不同年份间呈现差异。

尤其是极端天气事件频发的异常年份，农田小气候更可能表现出反常的年际波动。

综上所述，农田小气候是一个复杂的能量交换系统，各小气候要素在时间和空间上呈现出独特的分异特征。在太阳辐射驱动下的农田能量平衡是形成小气候的根本原因，下垫面性质、大气环流等因素则通过影响能量收支过程，使小气候在不同时空尺度上产生差异。农田小气候的形成与演变规律，既取决于自然条件的变化，又与人类农事活动密切相关。只有系统认识农田小气候的多尺度时空分异特征，才能因地制宜地调控小气候要素，优化农田生态环境，为现代园艺产业的绿色发展提供科学指引。这对于应对极端天气、稳定农业生产、保障国家粮食安全都具有十分重要的战略意义。

二、园艺作物栽培对小气候的正面效应

园艺作物栽培活动通过改变地表覆被状况、调节农田能量收支过程，对局地小气候产生显著影响。合理的种植制度和科学的栽培管理，可发挥园艺作物良好的生态功能，优化小气候环境，为作物的生长发育创造有利条件，同时也能够为改善区域生态环境质量做出积极贡献。

就温度效应而言，科学合理的园艺作物种植可明显改善农田热量环境。一方面，园艺作物通过自身的蒸腾作用，可有效降低近地面气温；另一方面，茂密的植被冠层可减少地表反照率，吸收更多的太阳辐射，削弱了近地面的增温效应。同时，植被冠层还可阻隔夜间长波辐射的散失，减缓晚间气温骤降，对防范冻害具有积极作用。在干旱半干旱地区，发展节水灌溉的果园，可显著提高土壤含水量，增加蒸发潜热，有效缓解极端高温危害。可见，通过优化种植制度，加强植被管理，可有效利用园艺作物的蒸腾降温功能，改善农田热环境。

在大田条件下，合理布局园艺作物与农田防护林的复合种植，可充分发挥林木的小气候调节功能。农田防护林不仅可以降低农田风速，防止土壤侵蚀，而且可通过树冠遮阴，削减太阳辐射，白天使近地面增温幅度减小；晚上又可阻隔地表长波辐射，减缓晚间气温下降。研究表明，设置农田防护林的农田，平均气温较对照田降低了 1 ～ 2℃。同时，由于蒸发蒸腾作用增强，空气湿度提高 10% 以上。农田小气候的优化，进一步改善了作物生长的热量条件和水分状况。可见，园艺作物与农田防护林的合理搭配，可有效发挥复合系统的降温增湿功能，调节农田小气候，为提升综合生产能力创造有利条件。

在温室大棚等设施条件下，通过优化种植模式和栽培技术，可充分利用园艺作物自身的生态效应和人工调控措施，构建适宜的生态小气候。比如，在塑料大棚番茄生产中，采用垂直整枝高秆栽培，可在不减少种植密度的同时，大幅提高群体通风透光性能，加速棚内湿热空气扩散，有效降低病虫风险。同时，设置顶部通风窗，再配合卷帘机、湿帘风机等降温设备，可有效调节棚内温湿度，防止极端高温危害。在反季节草莓设施栽培中，采用高架栽培模式，利用棚内温度垂直分异的小气候效应，将草莓定植于离地 1.5m 以上的高架床上，可显著提高冬春季草莓的坐果率和果实品质。可见，在具有设施条件的情况下，立足于园艺作物需求，优化种植模式，科学调控小气候，可有效规避极端温度危害，营造适宜的生态环境。

从提升农田小气候稳定性的角度看，间套作、混作等多样化种植模式在农田小气候调节中独具优势。研究表明，采用“小麦 / 玉米 / 大豆”带状间作，小麦冠层可减缓夏季玉米苗期的高温危害，玉米冠层的遮阴效应又可缓解大豆的高温热害，显著提高了农田小气候的稳定性。在我国南方，采用“双季稻 + 蔬菜”轮作套种模式，利用错开蔬菜苗期与晚稻收获期，不仅实现了农时的合理衔接，而且蔬菜苗期不受晚稻高秆的遮阴，光温水协同良好，既提高了土地利用率，

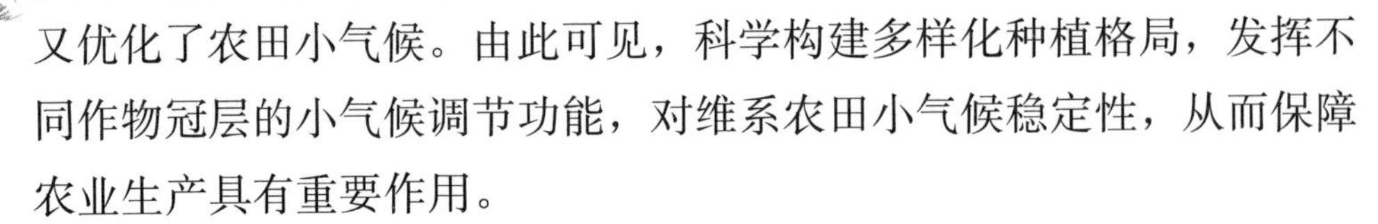

又优化了农田小气候。由此可见，科学构建多样化种植格局，发挥不同作物冠层的小气候调节功能，对维系农田小气候稳定性，从而保障农业生产具有重要作用。

三、园艺作物栽培对小气候的负面影响

尽管科学合理的园艺作物栽培可发挥农田小气候调节正效应，但不适合的种植方式和过度的集约化生产，也可能引发农田小气候的负面效应，进而影响作物的健康生长和农业生态环境质量。准确认识园艺作物栽培可能带来的小气候负效应，采取针对性的预防和调控措施，对于维系农田生态系统平衡，促进园艺产业可持续发展至关重要。

在园艺设施生产中，如果缺乏科学的通风管理，棚内易形成高温高湿的恶劣小气候环境。尤其是在不通风或自然通风条件下，日光温室、塑料大棚内湿度常高达 90% 以上，且易产生温度分层现象。当内外温差过大时，易引起棚膜结露，雾滴落到植株上，不仅影响光合作用，而且极易诱发病害。研究表明，番茄晚疫病、灰霉病等的发生与棚内高湿环境密切相关。温室小气候恶化，还会干扰植株体内激素的合成与平衡，引发徒长、落花落果等问题，严重制约了设施园艺产量与品质的提升。因此，加强棚室通风，及时排出湿热空气，优化小气候环境，是解决设施蔬菜生理障碍、病虫害问题的关键所在。

不合理的种植制度也可能导致农田小气候恶化。过度追求产量，片面提高种植密度，植株郁蔽度过大，通风透光不良，极易导致田间小气候环境恶化。一方面，群体过于密集，植株蒸腾作用受到抑制，易在冠层形成高温高湿的小气候；另一方面，通风透光不足又会进一步加剧近地面水汽凝结，加重病虫害发生。以设施茄子为例，当种植密度超过 4.5 株 / 平方米时，田间相对湿度可高达 95% 以上，极易诱

发茄子晚疫病等。密植导致的小气候恶化，不仅直接影响了作物健康生长，也加重了病虫害防治难度，进而制约了茄果产量品质的提升。由此可见，科学合理地确定种植密度，不仅是发挥光能利用率、提高土地产出率的需要，更是优化农田小气候、促进茄果健康生长的关键举措。

值得关注的是，农田小气候负效应可能进一步恶化区域气候环境。近年来，随着设施园艺的快速发展，大量地膜残留导致的“白色污染”问题日益凸显。聚乙烯等地膜在太阳辐射下不断老化和破碎，形成大量白色残膜，显著提高了农田地表反照率。研究发现，地膜覆盖农田的反照率可高达 0.6 以上，是裸土地表的 2 ～ 3 倍。地表反照率增大使更多太阳辐射被反射，地表能量平衡被打破，农田小气候系统热量积累减少，近地面增温效应减弱。与此同时，反射辐射又会通过吸收、散射等方式，改变大气温室效应，进而影响区域温度变化。此外，农药化肥过量使用导致的面源污染，高温季节 NH_3 挥发加剧等，都将通过干湿沉降、吸收散射等过程，影响区域大气环境。由此可见，不当的农事活动引发的农田小气候负效应，可通过辐射强迫、大气环流等过程，扩散到区域尺度，影响区域气候变化。这对于应对全球变化、维护区域生态安全提出了更高要求。

第二节 园艺作物栽培对土壤环境的影响

土壤是园艺作物栽培的基础，而园艺生产活动也在潜移默化地影响土壤性状。其中，不同的栽培制度和管理措施，对土壤理化性质、微生物区系、酶活性等均会产生不同程度的影响，进而改变土壤养分循环及其供应能力。土壤质量的变化，又反过来制约园艺作物的生长发育和产量品质的提升。因此，深入认识园艺作物栽培对土壤环境的影响机制，定量评估不同栽培模式下的土壤质量变化，加强土壤生态管理，对于协调园艺生产与资源环境的矛盾，实现产业可持续发展至关重要。本节将重点探讨不同园艺作物栽培制度对土壤理化性质、养分循环、微生物多样性等的影响规律，阐明土壤质量演变与产量品质形成的内在联系，总结提升土壤生态功能、修复退化农田的关键措施，为园艺生产实践提供借鉴。

一、土壤理化性质的变化

园艺作物栽培活动主要通过改变土壤理化性状，影响土壤质量与功能，进而制约园艺产业的可持续发展。合理的种植模式有助于优化土壤环境，而不当的栽培方式又会导致土壤恶化。系统评估不同栽培模式对土壤理化性质的影响，阐明土壤退化发生机制，创制土壤改良修复技术，对于维系农田土壤健康，促进园艺生态可持续发展具有重要意义。

土壤团聚体是评价土壤结构性能的重要指标。稳定的土壤团聚体结构可增强土壤抗蚀性，改善土壤水分和通气状况，维系土壤生态功能的发挥。然而，在不同的栽培制度下，土壤团聚体结构会出现显著差异。研究发现，连作蔬菜地的大团聚体含量要显著低于轮作地，并且土壤易板结，透水透气性差。这主要是因为连作导致土壤有机质降解加速，聚合胶结物质流失，加之机械作业频繁，土壤板结严重。相比之下，间作套种可有效提高土壤有机质含量，提升土壤团聚化程度。如双季稻与绿肥间作，不仅可补充有机质，而且根系分泌物可胶结土壤颗粒，显著提高大团聚体比例。此外，秸秆还田、增施有机肥等措施，对于促进团聚体形成，改善土壤结构性能也有积极效果。可见，优化栽培制度，综合培养土地肥力，是保障土壤结构功能的关键举措。

土壤酸碱性变化是衡量土壤质量变化的另一重要标尺。土壤 pH 过高或过低都会影响土壤微生物活性和养分有效性，从而制约作物生长。不同园艺作物因其生长习性和养分吸收差异，对土壤酸碱度的影响也不尽相同。一般而言，果树对土壤酸化影响较大，尤其是柑橘园，由于铵态氮肥施用集中，酸性根分泌物显著，土壤 pH 降幅可达 1.5 个单位以上；对于蔬菜而言，氮、磷、钾肥配施较为均衡，土壤酸化风险相对较低。值得注意的是，不同肥料种类对土壤酸碱性的影响差异显著。如硫酸铵、硝酸铵等生理酸性肥料会导致土壤 pH 下降，硝酸钾、硝酸钙等生理碱性肥料则具有缓解土壤酸化的作用。因此，因地制宜，选用酸碱性相抵的肥料，优化肥料品种搭配，是保障土壤酸碱平衡的重要途径。对于酸化严重的果园土壤，适量增施石灰、白云石粉等碱性土壤调理剂，可快速缓解酸化风险。总之，科学规范施肥，因“果”调控 pH，是维系土壤质量健康的关键所在。

土壤盐渍化在设施园艺生产中尤为突出。设施条件下的集约化生产，不仅高度依赖化肥投入，灌溉水量也远超其他大田，加之棚室封闭环境下蒸发强度大，极易引发盐分聚集。研究表明，日光温室土壤电导率高达 $6ms \cdot cm^{-1}$，为大田土壤的 4 ～ 5 倍，而且一旦土壤盐分超过作物耐受阈值，渗透胁迫和离子毒害便会严重影响作物生长。因此，合理调控土壤盐分状况，对于维系设施土壤健康至关重要。首先，应科学制定灌溉制度，采取滴灌、微喷等先进灌溉技术，精准补水，防止过量灌溉引发盐渍。同时，应加强灌溉水质管理，定期检测灌溉水的盐分含量，避免因使用劣质水而加重盐渍化。在肥料选用上，应优先使用硝酸盐类、磷酸二氢钾等低盐指数肥料，减少氯化物、硫酸盐累积。此外，每年翻耕前后需进行充分淋洗，此做法可有效降低土壤盐分。对于已经盐渍化的土壤，要因地制宜，轮作、休耕与种植耐盐绿肥相结合，多措并举，逐步修复。总之，土壤盐渍化防控应贯穿设施园艺生产的全过程，唯有标本兼治，才能从根本上遏制土壤盐渍化趋势。

二、土壤养分循环

土壤养分循环是指土壤中氮、磷、钾等矿质养分，通过植物吸收、残体分解、微生物转化等生物地球化学过程，在土壤—植物系统内部的迁移转化。这一过程一方面为作物生长提供营养物质，另一方面通过调控土壤肥力变化，影响农田生态系统的物质能量流动。

园艺作物栽培活动对土壤中氮素循环影响尤为显著。施用氮肥虽可迅速补充土壤有效氮，但若过量或施用不当，会极易引发氮素损失。据统计，我国蔬菜生产氮肥利用率不足 30%，氮素损失也高达 50%，随着堆肥、厩肥等有机肥源的大量投入，土壤有机氮库持续积累，加之高温多湿的大棚小气候更有利于有机氮矿化，使设施土壤氮素淋溶风险显著加剧。研究发现，日光温室黄瓜连作 9 年，0 ～ 90cm 土层硝态氮淋溶量高达 179kg/hm^2，比大田土壤的 2 倍还多。氮素流失不仅造成肥料浪费，而且极易引发地下水污染，制约园艺产业的可持续发展。因此，氮肥的使用应坚持底肥、追肥相结合，底肥以缓释氮肥为主，小量多次地追施速效氮肥，既满足作物“苗期重施、花果期巧施、后期控施”的需求规律，又能减少淋溶损失。对于设施蔬菜，应进一步优化“基肥 + 穴肥 + 水肥一体化追肥”的配方，协同高效栽培措施，最大限度地提高氮肥利用率。总之，氮肥高效利用应立足于精准管理，唯有因地制宜，时空匹配，才能在保障氮素营养的同时，促进土壤氮素良性循环。

土壤中的磷素循环较之氮素循环更为复杂，其受土壤固磷、解磷、吸磷等多种过程制约。研究表明，土壤中有 20% ～ 80% 的磷素以难溶态存在，且这些磷素在土壤中的周转缓慢，很难被作物直接利用。磷肥施用虽可提高土壤有效磷含量，但长期的偏施偏厚，易引发土壤磷素积累和次生环境问题。研究发现，我国部分设施菜田土壤速效磷含量高达 200mg/kg 以上，是大田土壤的 23 倍，严重超过了蔬菜生长所需，磷肥利用率却普遍不足 20%。针对磷肥低效和过量施用并存的现状，土壤磷素循环优化应重点提高土壤自身的磷素供应能力。研究表明，采用有机无机复合肥、增施有机肥等措施，可维持土壤 pH 稳定，减缓磷素固定，活化土壤固磷，提高磷素有效性。此外，接种解磷菌剂、施用生物炭等措施也是提高磷肥利用率的有效途径。总的来说，磷素循环优化应基于“土壤—微生物—植物”的互作机制，综合运用生物、化学、生态等调控手段，多元协同发力，切实提高土壤磷素利用率，遏制农田磷素淋失。

土壤钾素循环虽然较之氮磷循环稳定，但在园艺作物的吸钾规律、施钾技术等方面仍有诸多特殊性。与大田粮食作物相比，果蔬类作物尤其是根茎类蔬菜和瓜果类作物对钾素需求更高，吸钾规律呈多峰型分布。如番茄发育前期钾素吸收集中，开花坐果期地上部吸钾高达 70%。特殊的吸钾规律也对施钾提出了更高要求。一般推荐番茄苗期、花果期、膨大期等钾素需求旺盛期增施氯化钾或硫酸钾等速效肥，并适当配合钾肥叶面喷施，以满足不同生育期的需钾特性。值得注意的是，果树类作物的通常采收部位以养分库为主，每年会随果实移走大量钾肥。据测算，100kg 苹果果实带走的 K_2O 约为 0.11 ～ 0.13kg。因此，果园钾肥管理应注重磷钾配合施用，采用腐植酸钾、硫酸钾复合肥等新型肥料，增加钾肥有效积累量。同时，果树类作物施肥应遵循催肥、壮肥、封肥、回肥的“四肥”原则，重施壮肥，少施封肥，加强落叶归田，补充果实吸钾消耗。总的来说，钾肥的合理使用应立足于“藏”“封”“补”三者并重，提高土壤固钾能力。

从土壤养分利用的角度看，无论是氮磷钾，提高养分吸收利用率都必须遵循“渐进—适量—高效”原则。首先，养分投入应以维持土壤肥力平衡为基本目标，注重肥料用量和施用时期的科学管控。比如，对于氮磷高累积土壤，应优先考虑测土配方施肥，控制总用量，避免过量施用。其次，施肥水平应与作物产量、品质等形成协调，适量、平衡施用才最有利于提高肥料利用率。最后，养分利用途径的优

化组合，对于提高肥料利用率至关重要。比如，有机肥与无机肥配合施用、水肥一体化、生物菌肥等新型缓释肥的推广，均可提高土壤养分供应效能。

三、土壤生物多样性

土壤生物多样性是指土壤中栖息的各类生物种群及其生存环境的多样性。土壤生物种类繁多，数量巨大，包括细菌、真菌、放线菌、藻类、原生动物、线虫、昆虫、食腐生物等不同种群。这些生物通过分解、固氮、硝化等生物化学过程，参与土壤物质循环和能量转化，在维持土壤肥力、分解有机质、促进养分循环等方面发挥着不可替代的作用。然而，随着现代园艺业的快速发展，集约化生产、农药化肥过量使用等问题日益凸显，土壤生物多样性正面临前所未有的挑战。

化学农药的过量施用是导致土壤生物多样性下降的重要因素。为防治病虫草害，园艺生产通常要大量施用杀虫剂、杀菌剂等化学农药。据统计，我国平均每年农药使用量约为 140 万吨，大大超过了世界平均水平。然而这些化学农药不仅会直接杀伤土壤节肢动物、蚯蚓等大型土壤动物，而且会显著抑制土壤微生物的活性和多样性。比如，有机磷农药对土壤线虫、原生动物等具有较强的毒害作用，甲胺磷可使土壤线虫数量锐减 90% 以上。研究表明，长期施用化学农药的土壤，放线菌和细菌等有益微生物数量显著下降，而镰刀菌等寄生型真菌比例上升，从而加重了土传病害的发生。可见，不合理使用农药已成为威胁土壤生物多样性的严重隐患。因此，园艺生产应积极推行绿色防控理念，完善农药减量使用技术体系，优先采用生物防治、理化诱控等非化学防治措施，最大限度地降低化学农药施用量。对于设施园艺而言，要加快推进工厂化育苗，从源头上控制土传病虫害，实现农药减量。

化肥过量施用也会改变土壤生物区系。化肥施用虽可快速提高土壤速效养分，但过量投入易造成土壤酸化、次生盐渍化，引起土壤微生物区系的改变。比如，在酸性土壤中，细菌、放线菌数量显著降低，而霉菌、酵母菌等耐酸真菌大量繁殖；在次生盐渍化土壤中，嗜盐菌大量繁殖，土壤酶活性显著降低，固氮、硝化等过程受阻。研究发现，在氮肥长期偏施偏多的蔬菜土壤中，细菌优势度降低，真菌所占比例上升，尤其是病原性真菌的数量显著增加。可见，肥料过量投入已成为土壤生物失衡的重要诱因。因此，化肥施用应坚持底肥、追肥兼顾，测土配方，小量多次，严防过量使用的宗旨。在提倡有机肥替代化肥的基础上，更应注重品质提升，减少有害重金属、盐分、石灰等杂质含量，防止有机肥施用引发土壤环境恶化。

不合理的耕作制度同样会影响土壤生物多样性。单一化种植制度下，植物残体分解单一，根系分泌物种类有限，不利于培育多样化的土壤生物区系。相比之下，间作、轮作等生态种植模式可提供多样化的植物残体，丰富土壤有机质来源，为土壤生物创造良好的栖息环境。比如，豆科绿肥与禾本科蔬菜间作，豆科作物根瘤菌能与根际微生物形成互惠共生体系，不仅可以提高土壤固氮能力，而且会诱导产生抗生物质，抑制土传病原菌繁殖。再如，采用“大白菜—茄果类—瓜果类”轮作模式，可充分利用前茬残茬腐解过程中产生的高温，消除茄果类、瓜果类的土传性病原菌，实现土传病虫害的生物防控。值得注意的是，土壤耕作方式也是影响土壤生物多样性的重要因素。频繁的机械翻耕会切断土壤团聚体，加速有机质分解，破坏土壤生物栖息环境。尤其是设施园艺土壤，由于灌溉频繁，土壤易板结，机械深翻易形成犁底层，这也将进一步破坏土壤通透性，抑制土壤动物活动。基于保护性耕作理念，园艺生产应尽量减少土壤扰动，改进侧深施肥、免耕覆盖等轻简化栽培措施，最大限度地维护土壤生态环境。

第三节　园艺作物栽培对水环境的影响

水资源短缺和水环境污染已成为制约我国园艺产业可持续发展的瓶颈之一。不合理的灌溉制度、过量的化肥农药投入等，不仅造成了水资源浪费，而且加剧了面源污染风险。面对各种新形势，亟须加强园艺作物栽培对水环境影响的系统评估，优化农田水土资源配置，创新节水减排技术模式，切实提升水资源利用效率，保障水环境安全。本节将围绕园艺生产活动对区域水资源时空格局的影响、农田氮磷流失特征、重金属镉汞污染状况等，阐述园艺作物栽培与水环境的互馈过程，总结节水灌溉、化肥农药减施增效等控污降耗技术，以期为破解园艺生产水环境难题，走出一条生产发展和生态保护双赢之路提供参考。

一、灌溉用水与水资源利用

园艺作物栽培是农业用水大户，灌溉用水量占农业总用水量的 50% 以上。据统计，我国设施蔬菜平均每亩灌溉用水量高达 400 ～ 600m^3，大大超过了同期大田作物。随着设施园艺规模的不断扩大，灌溉用水总量还在持续攀升。与此同时，由于我国农业水资源短缺形势日益严峻，水资源时空分布不均、工程性缺水、水质性缺水等问题交织叠加，使农业灌溉面临“水—需矛盾”不断激化的严峻挑战。加之不合理的灌溉制度造成的水资源浪费问题突出，灌溉水利用率普遍不足 50%，远低于发达国家水平。可见，园艺作物灌溉领域的节水增效已迫在眉睫，而且这对于破解区域水资源短缺难题、保障国家粮食安全和重要农产品有效供给意义重大。

针对园艺作物灌溉用水量偏高的问题，优化灌溉制度、提高灌溉水利用率是当务之急。传统漫灌、沟灌等大水漫灌方式，土壤

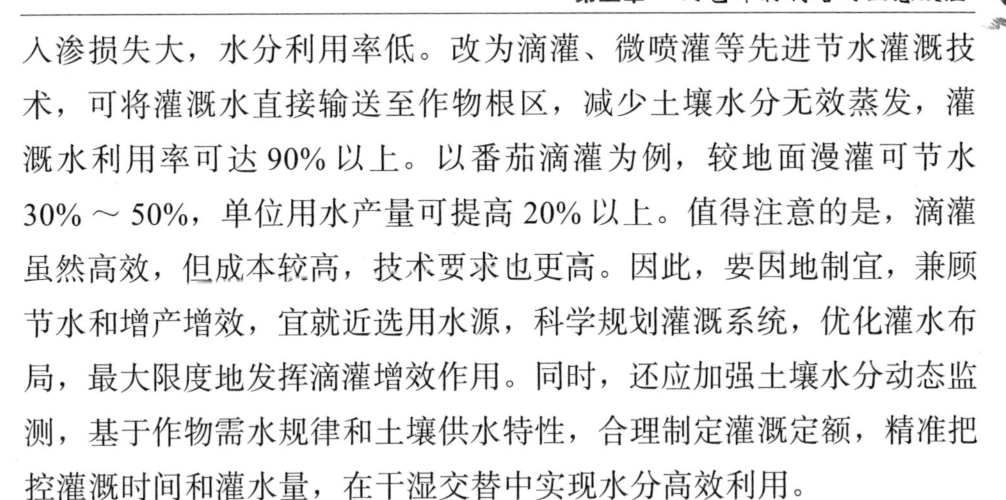

入渗损失大，水分利用率低。改为滴灌、微喷灌等先进节水灌溉技术，可将灌溉水直接输送至作物根区，减少土壤水分无效蒸发，灌溉水利用率可达 90% 以上。以番茄滴灌为例，较地面漫灌可节水 30% ～ 50%，单位用水产量可提高 20% 以上。值得注意的是，滴灌虽然高效，但成本较高，技术要求也更高。因此，要因地制宜，兼顾节水和增产增效，宜就近选用水源，科学规划灌溉系统，优化灌水布局，最大限度地发挥滴灌增效作用。同时，还应加强土壤水分动态监测，基于作物需水规律和土壤供水特性，合理制定灌溉定额，精准把控灌溉时间和灌水量，在干湿交替中实现水分高效利用。

除了优化灌溉制度，水资源优化调配也是破解农业水资源短缺、提高水资源利用效率的重要路径。受自然因素和工程条件限制，许多园艺作物产区常常面临水量不足、水质不佳的窘境。多水资源优化调配，就是针对不同水源的水量、水质特点，因地制宜地开发利用地表水、地下水、再生水等非常规水源，统筹农业、工业、生活等各行业用水需求，在时间和空间尺度上对各类水资源优化配置，构建多水源联合调控的农田水利工程体系。如在降雨集中的雨季，优先蓄积利用地表水，既可削减洪峰，又可补充地下水；枯水期则以提取地下水为主，辅以再生水回用，保障农业灌溉需求。同时，还要重视农田雨洪资源化利用，科学配置蓄、引、提、调等工程，构建“渠—管—坝—池”一体化的雨洪资源利用体系，把农田降雨最大限度地转化为可用水资源。如新疆实施农田雨洪集蓄工程，每年可增加农业用水 8.3 亿立方米以上，有效缓解了区域性、季节性缺水问题。可见，只有立足水资源优化调配，统筹种植结构、灌溉制度，方能在农业高质量发展中实现水资源的高效循环利用。

从水资源可持续利用角度看，加强区域水资源承载力和灌溉适宜性评价也是亟须重视的问题。由于我国幅员辽阔，各区域水热分布差异显著，盲目发展高耗水作物，易加重区域水资源超载，引发生态环境问题。所以开展区域水资源承载力评价，测算在维持生态平衡和粮食安全的前提下，区域农业可利用的水资源最大阈值，对于优化种植业空间布局、推进农业结构调整具有重要指导意义。同时，还要加强区域灌溉适宜性评价。综合考虑区域气候、土壤、地形、水源状况等因素，评判不同灌溉制度的适用性，为农业灌溉规划决策提供科学依据。比如，西北内陆干旱地区光热资源丰富，但降雨稀少，多采用滴灌、管灌为主的微灌技术，东南沿海多雨地区则多采用沟灌、漫灌等大水漫灌方式。可见，区域水资源承载力和灌溉适宜性评价，是优化灌溉用水、提高水资源利用效率的重要基础。未来，应进一步完善评价指标体系，创新评价模型和方法，为区域用水规划、种植业布局优化提供科学指引。

二、农业面源污染防控

农业面源污染是指在农业生产过程中化肥农药等污染物通过降雨径流、土壤淋溶等方式进入地表水、地下水和土壤环境，从而引发区域性、流域性水体和土壤环境质量恶化的现象。园艺作物生产往往高度依赖化肥农药等化学投入品，尤其是在集约化程度较高的设施蔬菜和果树生产中，化肥农药的过量施用不仅会造成土壤环境恶化，而且会导致硝酸盐等污染物大量淋溶，加重农业面源污染。据统计，我国每年约有 200 万吨氮、26 万吨磷通过农田径流进入地表水体，对水生态系统构成严重威胁。加强农业面源污染防治，对于保障水环境安全、维护生态文明至关重要。

化肥农药减量增效应作为农业面源污染防控的关键举措。长期过量地施用化肥农药，不仅使肥料利用率降低，而且破坏了土壤团聚体结构，使土壤渗漏性增强，从而加剧了污染物淋失。因此，化肥农药施用应坚持测土配方、适量施用的基本原则，既要总量控制，也要注重养分的合理配比。如氮肥过量易造成土壤酸化板结，磷肥过多则易引发水体富营养化。科学平衡施用氮磷钾肥，既能提高肥料利用

率，又能降低污染风险。同时，要积极推广缓控释肥、生物有机肥等新型肥料，减少速效氮肥的使用量。农药施用则要强化绿色防控，优先采用农业防治、生物防治、理化诱控等非化学防治措施，最大限度地减少化学农药使用。对于化学农药，要严格执行农药登记、生产、经营、使用等环节的法律法规，严禁使用国家明令禁止的高毒高残留农药，严格把好农药使用源头关。

科学种养结合循环利用对于减少化肥农药投入、控制面源污染也具有积极作用。通过秸秆还田、畜禽粪污还田、绿肥间作等方式，将农业生产中的“三废”资源转化为有机肥，既可补充有机质，改善土壤团聚体结构，提高土壤保水保肥能力，又可替代部分化肥用量，有效削减肥料淋失。如设施土壤每亩施用 4 ～ 5 吨有机肥，配以 5% 左右的复合肥，可保证蔬菜产量和品质，化肥用量也可减少 30% 以上。可见，有机无机配施、种养循环利用，是实现农业清洁生产、减轻面源污染的有效途径。畜禽养殖场应积极开展粪污资源化利用，通过粪便发酵、沼液沼渣还田等，既可变废为宝，又能减少污染排放。同时，还要因地制宜发展农牧结合、稻田养鱼等生态种养模式，通过多种生物间的互利共生，实现养分的就地转化利用，最大限度地减少农田养分流失。

工程拦截净化措施是控制农业面源污染的重要手段。面源污染具有随机性强、不确定性大的特点，单纯依靠农艺措施往往难以达到理想的拦截效果。因此，应因地制宜配套污水净化、沉沙滤污等工程设施，削减农田污水直排。如环境脆弱区可因地制宜建设人工湿地，利用水生植物的净化作用，削减农田氮磷流失。同时，要大力开展农田林网、植物缓冲带建设。通过布设树篱、隔离林、绿篱等植被，既可拦截农田径流携带的泥沙、农药化肥，又能净化农田排水，防治面源污染。植物缓冲带对氮、磷、农药的拦截率可达 50%。此外，高标准农田、农田水利等工程建设中，应将污水净化、循环利用纳入建设内容，统筹规划农田排水沟、沉沙塘、尾水净化池等拦污设施，将农业面源污染控制在源头。总之，农业面源污染防控要坚持工程与生物措施相结合，源头和过程控制并重，综合施策，系统治理。

三、节水灌溉与水肥一体化技术

节水灌溉是指采用先进的灌溉设施与技术，既能提高灌溉水利用率，又能满足作物生长发育需求的灌溉方式。水肥一体化技术则是将施肥与灌溉相结合，通过可溶性肥料的预配与定量施用，在满足作物养分需求的同时，减少肥料淋失的肥水高效利用技术。节水灌溉与水肥一体化相互配套，协同发力，对于农田水环境保护、促进农业可持续发展意义重大。

微灌技术是节水灌溉的核心。所谓微灌，是指采用滴灌、微喷灌、微孔灌等设施，定时、定量、定点地将水和养分直接输送到作物根区的灌溉方式。因其显著的节水、省工、增产等优点，已在设施园艺中得到广泛应用。微灌使水分集中于作物根区，减少土壤蒸发和渗漏损失，灌水利用率可达 0.9 以上，较传统大水漫灌节水 50% 以上。同时，微灌还可有效防止土壤盐渍化，改善土壤通气性，为作物根系生长创造良好环境。此外，微灌与施肥器相结合，借助灌溉系统输送养液，即可实现水肥一体化。可见，微灌为节水灌溉、水肥一体化提供了有力的技术支撑。

值得注意的是，微灌虽然节水高效，但前期投资大，技术要求高，推广中还面临一定瓶颈。实践中应因地制宜，立足当地水热条件、作物种类、栽培制式等，优选适宜的灌溉技术。一般来说，滴灌更适用于水资源紧缺、气候干旱的地区，微喷灌则更适用于设施蔬菜、瓜果等。微灌虽好，但也不能盲目推广，要兼顾节水增效、经济实用。

水肥一体化是节水灌溉与施肥技术的高度集成。传统施肥多采取撒施、沟施等方式，肥料利用率低，易造成养分流失。水肥一体化

则利用灌溉系统，将可溶性肥料通过毛细管力、质流作用输送至作物根区，在减少径流、淋溶损失的同时，也为根系提供了充足养分。水肥一体化可实现水分、养分“精准到根”，既提高了肥水利用效率，又促进了作物健康生长。研究表明，番茄水肥一体化较常规灌溉施肥可节水 30%，节肥 20%，番茄产量提高 15% 以上。可见，水肥一体化在节水、节肥、高产、优质等方面优势显著。

水肥一体化应坚持以水带肥、量需施肥，突出精准管理。具体来说，就是将灌溉与施肥有机结合，依据土壤水势和作物需肥特性，合理配制肥液浓度，借助灌溉系统进行定时、定量输注，在满足作物养分需求的同时，将养分淋失降至最低。其中，土壤水分调控是基础，通过负压传感器、张力计等实时监控土壤水势变化，动态调控灌溉时间和灌水定额，将土壤水分维持在毛细管持水量附近，这样既能保障作物生长，又可抑制肥料出现淋溶现象。

水肥一体化还应与设施栽培、立体种植等先进栽培模式紧密结合。在具备设施条件的情况下微域环境可控，养分调控更加精准，水肥利用效率更高。同时，充分利用设施空间，发展基质栽培、立体种植等，可减少农田占地，节约灌溉用水。此外，植保手段也要与水肥一体化相配套。节水灌溉条件下病虫草害更易滋生，但盲目打药又极易引起农药径流污染。因此，要强化水肥药一体化管理，协同发力，把水肥管理、植保管理有机融合，最大限度降低农药化肥的流失。总之，节水灌溉、水肥一体化要坚持多学科交叉融合，与现代设施、栽培模式、植保措施等协同配套，系统优化，才能最大限度地发挥增产、优质、高效、生态的综合效益。

当前，节水灌溉、水肥一体化已成为世界农业科技发展的大势所趋。但在我国，仍存在重视程度不够、基础设施薄弱、集成应用水平偏低等问题，以至于难以适应农业绿色发展的新形势、新要求。未来，应把大力发展节水农业作为一项重大国家战略，纳入国家“十四五”现代农业发展规划中，完善顶层设计，健全扶持政策，加大资金投入，着力破除制约节水灌溉、水肥一体化技术推广的瓶颈。同时，各级农业部门要加强节水增效关键核心技术的攻关，突出抓好节水灌溉、水肥一体化新设施、新装备的研发推广，不断完善技术标准体系和技术推广服务体系，加快科技成果转化应用。要强化科技示范引领，建设一批节水增效典型示范区，集成展示先进适用技术，辐射带动区域节水农业发展。要创新土地流转、规模经营等政策，发挥新型农业经营主体引领作用，鼓励农民采用先进节水灌溉技术，推动小农户与现代农业发展有机衔接。只有举全社会之力，久久为功，才能不断开创节水农业发展新局面，为加快农业农村现代化、全面推进乡村振兴提供有力支撑。

第四节　园艺作物栽培的生态效益评估

生物多样性是农田生态系统健康的基础，而园艺作物栽培活动又对其有深远影响。不合理的农药使用、单一化种植模式等，不仅破坏了田间生物群落结构，而且威胁传粉昆虫、害虫天敌等的生存。生物多样性的丧失，反过来又加剧了病虫草害发生，影响作物生长和农产品质量安全。因此，系统评估园艺生产活动对农田生物多样性的影响，优化栽培措施，加强生物多样性就地保护与修复，对于维系农田生态系统稳定性，保障园艺产业可持续发展至关重要。本节将聚焦不同栽培模式下农田生物多样性的演变规律，剖析农田景观格局、农药污染等对关键类群多样性的影响机制，探讨农田生物多样性保育与提升途径，以期为园艺生态文明建设提供新思路。

一、生态效益评估指标体系

园艺作物栽培的生态效益评估是一项复杂的系统工程，涉及土壤、水、大气、生物等多个生态要素。科学地构建生态效益评估指标体系，全面衡量园艺生产活动的生态影响，对于优化栽培模式、减轻环境负荷、实现产业可持续发展至关重要。然而，传统农业生态效益评价多聚焦于产量、效益等经济指标，对土壤健康、水质安全、生物多样性等生态指标关注度不够，难以适应生态文明建设新形势、新要求。因此，亟须从多学科交叉融合视角，构建涵盖生产、生活、生态多维度的综合评价指标体系，立足于可持续发展全局，系统评判园艺生产生态效应。

生态效益评估指标的选取应遵循全面性、针对性、可操作性相统一的基本原则。全面性要求所选指标能全面反映园艺生产对农田生态系统的多方面影响；针对性要求突出园艺作物栽培的特点，选取与之密切相关的关键指标；可操作性要求所选指标量化、直观，易于实际应用。基于上述原则，园艺作物栽培生态效益评估指标体系应以农田土壤—作物系统为主线，兼顾农田外部生态环境，涵盖土壤健康、水资源利用、温室气体排放、生物多样性等多个维度。

就土壤健康而言，土壤理化性状和微生物功能是生态效益评估的核心指标。一般选取土壤容重、孔隙度、团聚体等理化指标，用以反映土壤结构和通透性；选取土壤有机质、速效养分、酶活性等生化指标，用以反映土壤肥力状况；选取微生物熵、多样性指数、优势菌群等微生物指标，反映土壤微生物区系特征与生态功能。水资源利用指标主要包括灌溉用水量、水分利用效率、地下水位等，综合反映水资源开发利用强度及其生态效应。温室气体排放指标则侧重农田 CO_2 通量、N_2O 排放通量、CH_4 排放通量等，定量评估农田温室气体净释放对区域大气环境的影响。生物多样性指标既要涵盖农田昆虫、鸟类、小型兽类等关键种群多样性，也要涵盖景观异质性等景观生态指标，全面评判农田生物多样性维持功能。

除了上述直接评估指标，生态效益评估指标体系还应纳入间接评估指标，如劳动力、能源、农资等投入产出指标，环境友好型技术的采用率，资源循环利用指标等，间接反映生态效益。此外，不同区

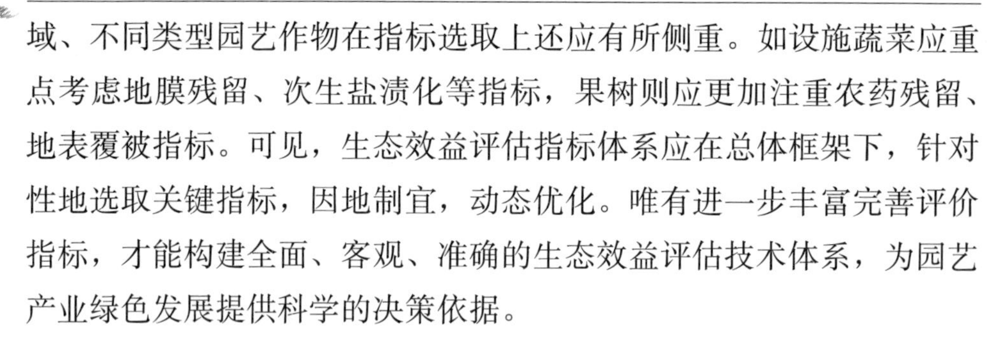
域、不同类型园艺作物在指标选取上还应有所侧重。如设施蔬菜应重点考虑地膜残留、次生盐渍化等指标，果树则应更加注重农药残留、地表覆被指标。可见，生态效益评估指标体系应在总体框架下，针对性地选取关键指标，因地制宜，动态优化。唯有进一步丰富完善评价指标，才能构建全面、客观、准确的生态效益评估技术体系，为园艺产业绿色发展提供科学的决策依据。

二、生态效益评估方法

科学评估园艺作物栽培的生态效益，不仅需要构建全面、准确的指标体系，更需要合理选择评估方法。不同的评估方法在机制阐释、数据需求、评估精度等方面各具特色，在实践中应结合评估目的、条件，因“方”制宜。总的来说，园艺作物栽培生态效益评估可采用实地监测、模型模拟、专家评判等方法，定性与定量评估相结合，过程与格局分析相统一，静态与动态评价相配套，多角度、全方位地阐明园艺生产的生态效应。

实地监测是生态效益评估的基础。通过对土壤、水、大气、生物等指标的定点跟踪观测，可以直观、准确地掌握园艺作物栽培前后农田生态要素的动态变化，量化分析生态效应。如采用土壤剖面法、环刀法测定土壤容重、孔隙度等，评判耕作制度对土壤团聚体的影响；采用离子色谱、原子吸收分光光度法等测定土壤速效养分含量，评判不同施肥制度下土壤肥力变化规律；运用高效液相色谱、气相色谱等分析农田水体、土壤农药残留，评判农药施用生态风险；利用红外气体分析仪、气相色谱测定农田温室气体排放通量，评判农田温室效应。整合不同生态要素的监测数据，可定量评判园艺生产活动的生态效应。然而，实地监测往往被局限在特定时空范围内，难以满足区域、流域尺度的评估需求。

模型模拟则能够弥补实地监测的不足，并且已成为生态效益评

估的重要手段。基于机制过程的模型，如土壤养分循环模型 DNDC、农田水循环模型 SWAP 等，可定量模拟土壤养分转化、水分运移等过程，以此预测不同情景下生态效应的动态变化。基于统计方法的模型，如主成分分析、灰色关联分析等，可筛选关键评价指标，揭示不同指标间的内在联系。空间分析模型则侧重农田景观格局、生态系统服务功能的时空动态模拟，此模型为区域、流域尺度的生态效益评估提供了有力工具。当前，数字孪生、虚拟现实等数字技术的快速发展，进一步拓展了农田生态过程与格局耦合模拟的广度和深度，大幅提升了区域生态效益评估的时效性和准确性。然而，模型的机制构建与参数设定对监测数据有较大依赖，并且不同模型的适用范围、精度也有所差异，在实践中还需进一步检验和完善。

专家评判也是生态效益评估的重要方法。通过咨询生态学、农学、环境科学等领域专家的意见，对生态效益进行主、客观评判，进而采取德尔菲法、层次分析法等，对各项指标赋予权重，得出综合评判结果。

此外，生态足迹评估是近年来国际上广泛应用的生态效益评估方法。该方法以土地面积为尺度，通过核算人类活动对自然资源的占用和对环境容量的占用，评判人类活动的可持续性。将生态足迹引入园艺生产领域，核算化肥农药投入、灌溉用水、农田排放等对区域环境资源的占用状况，并换算成标准生态生产土地面积，可直观评判不同种植模式的生态友好程度。比如，研究发现设施蔬菜单位产品的生态占用高于露地蔬菜，但设施蔬菜的集约化生产隐含着较大的资源环境风险。总之，生态足迹法简便易行，评估结果更易为决策者和公众接受，是一种行之有效的宏观评价工具。

三、提升园艺作物栽培生态效益的措施

园艺作物栽培生态效益的提升，归根到底在于理念、技术、制

度、政策等多重因素的协同发力。既要在观念上实现从“重经济、轻生态”向“经济生态并重”的根本转变，又要在技术上实现从“高投入、高风险”向“投入品减量化、生产清洁化、废弃物资源化”的战略重构，还要在制度和政策层面形成“奖优罚劣”的导向机制，多措并举，标本兼治，方能破解园艺产业发展中的资源环境瓶颈制约，走出一条产出高效、产品安全、资源节约、环境友好的现代园艺农业发展之路。

在理念更新方面，要以新发展理念为指引，把生态文明理念贯穿园艺生产全过程，真正树立“绿水青山就是金山银山”的发展观。各级政府和主管部门要把提升园艺作物栽培生态效益作为一项重大政治任务，纳入农业农村现代化的总体布局统筹考虑，完善顶层设计，强化制度供给，健全政策体系，为园艺产业生态化转型升级营造良好的制度环境和政策环境。广大园艺生产经营者要切实增强生态意识，自觉将降排放、控农残、保地力、护生态作为园艺生产的基本要求，主动践行绿色生产方式，为子孙后代留下天蓝、地绿、水净的美丽家园。

技术创新作为提升园艺作物栽培生态效益的关键支撑，在面向绿色生态可持续时，要从源头切断超量投入、过度施用、粗放管理等不合理生产方式，大力发展节本增效、清洁生产、循环利用等现代农业技术。在种植业布局上，依据区域资源环境承载力评价，合理规划种植区域和规模，因地制宜发展生态循环农业。在肥料施用上，以提高肥料利用率为核心，优先采用商品有机肥、生物菌肥、配方缓释肥，探索化肥农家肥配施、水肥一体化等新型施肥技术，指导科学施肥。在农药使用上，加快高毒农药淘汰和低毒高效新农药的开发应用，集成推广专业化统防统治、生物防治、理化诱控等绿色防控技术，最大限度地减少化学农药使用量。在灌溉管理上，立足农业水资源高效利用，大力发展喷灌、滴灌、微灌等节水灌溉技术，加快灌溉用水计量设施建设，强化用水定额管理。值得一提的是，园艺废弃物

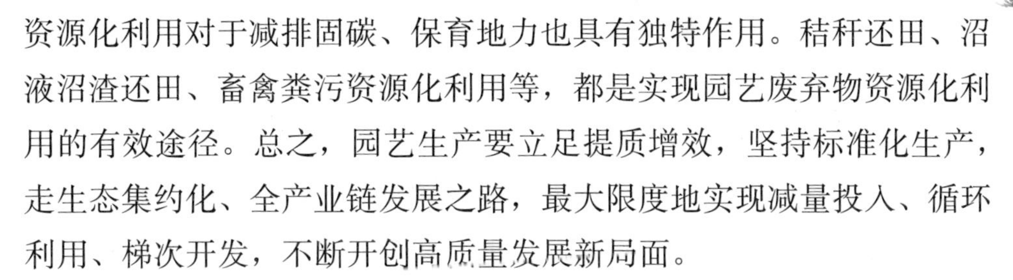

资源化利用对于减排固碳、保育地力也具有独特作用。秸秆还田、沼液沼渣还田、畜禽粪污资源化利用等，都是实现园艺废弃物资源化利用的有效途径。总之，园艺生产要立足提质增效，坚持标准化生产，走生态集约化、全产业链发展之路，最大限度地实现减量投入、循环利用、梯次开发，不断开创高质量发展新局面。

制度政策供给是园艺作物栽培生态化发展的重要保障。要健全生态补偿制度，加大农业生态保护补助力度，引导农民增加有机肥施用、开展秸秆还田等生态增收行为。要深化农业资源有偿使用制度，加强国家用水总量控制和定额管理，建立覆盖农业用水全过程的节水激励机制。要强化面源污染防治，将农药化肥使用量、化肥利用率、畜禽粪污资源化利用率等纳入地方政府及相关部门考核评价体系，加大财政转移支付力度，引导地方加快补齐农业面源污染防治短板。要建立健全园艺产品绿色标准体系，强化标准示范引领，将标准化生产贯穿园艺产业全链条各环节，全面提升园艺生产标准化水平。同时，还应充分发挥科技创新对园艺产业生态化转型的支撑引领作用，持续加大园艺生态领域科研投入，强化科企协同创新，加快生态增效技术研发推广，为园艺产业绿色发展提供坚实的科技保障。

综观全文，园艺作物栽培生态效应涵盖土壤、水、气候、生物多样性的多个维度，既关乎农田生态系统内稳态平衡的维持，又影响区域乃至全球生态环境的健康。然而，在产量利润至上的传统农业发展观的长期影响下，我国园艺生产在快速发展的同时，也积累了诸多资源环境隐患。生态效应研究的深入揭示了不同园艺栽培模式在改善农田小气候、培肥地力、涵养水源、减排固碳、维护生物多样性等方面的差异，为科学评判园艺生产的正负面生态影响，合理引导产业发展方向提供了重要理论支撑，也为践行绿水青山就是金山银山理念提供了务实举措。

目前，我国农业农村发展正由高速增长阶段转向高质量发展阶段。走生态优先、绿色发展之路，已成为园艺产业转型升级的必由之路。因此，广大园艺工作者要深入贯彻习近平生态文明思想，把握新发展阶段面临的新形势、新任务，立足国情、农情，顺应时代发展大势，以提升生态效益为导向，突出节本增效、清洁生产、循环利用的主线，加快构建与资源环境承载力相匹配、与国家生态文明建设要求相适应的现代生态园艺产业体系。要坚持把创新摆在园艺事业发展全局的核心位置，深入实施现代农业产业技术体系建设，加快推进园艺产业科技自立自强，充分发挥科技对产业发展的引领支撑作用。要树立人与自然和谐共生的价值追求，把发展生态园艺作为造福人民的民生工程，与脱贫攻坚、乡村振兴有机结合，持续增进亿万农民的获得感、幸福感、安全感，让良好生态环境成为全体人民的共享之福。要着眼于服务国家重大战略，立足拓宽全球视野，积极参与全球园艺治理，以更加开放包容的姿态融入全球生态文明建设大潮之中，努力在构建人类命运共同体中展现大国园艺的时代担当。

参考文献

[1] 贾士荣，卢海，张森，等 . 新中国 60 年蔬菜园艺学科发展与展望 [J]. 中国蔬菜，2009(18)：1—6.

[2] 国家统计局 . 中华人民共和国 2020 年国民经济和社会发展统计公报 [EB/OL].http://www.stats.gov.cn/tjsj/zxfb/202102/t20210227_1814154.html，2021-02-28.

[3] 朱明，伍玉鹏，姜东，等 . 毛竹林地表径流及侵蚀产沙过程对比研究 [J]. 水土保持学报，2006，20(5)：28—33.

[4] 王德宝，王柏林，王希真，等 . 中国蔬菜育种 60 年及展望 [J]. 中国蔬菜，2009(18)：18—25.

[5] 伊华林，熊鑫磊，赵念芳，等 . 植物光周期调控研究进展 [J]. 安徽农业科学，2020，48(3)：6—11.

[6] 徐昌杰，张其德，赵传杰，等 . 光质对设施园艺植物生长发育的影响及其调控技术的应用 [J]. 山东农业科学，2016，48(11)：15—20.

[7] 刘超，李宝聚，代娟，等 . 低温春化和 gibberellins 对金鱼草种子萌发及幼苗生长的影响 [J]. 西北植物学报，2019，39(08)：1583—1591.

[8] 张鹏，王瑞，张秋良，等 .5 种砧木对五角枫嫁接成活率及生长的影响 [J]. 北方园艺，2019(18)：51—54.

[9] 张文昌，冯晓，郑荣，等 . 定植方式对日光温室番茄苗木质量和产量的影响 [J]. 北方园艺，2019(2)：45—49.

[10] 杨惠敏，张福锁，于天一，等 . 旱地果树养分资源利用及调控 [J]. 中国农业科学，2019，52(8)：1363—1374.

[11] 张健，李佳洺，赵春江，等 . 基于 ZigBee 的设施农业智能滴灌系统研究 [J]. 农业工程学报，2014，30(2)：119—126.

[12] 陈留根，汪从理，王伟，等 . 塑料大棚番茄水肥一体化技术模式及应用效果 [J]. 农业工程学报，2019，35(7)：85—94.

[13] 刘满强，李云，薛亚丽，等 . 修剪方式对矮化密植红富士苹果光合特性、激素及产量品质的影响 [J]. 果树学报，2020，37(9)：1233—1243.

[14] 陈萍，崔晓露，冯晨辉，等 .2009 ～ 2013 年中国番茄晚疫病致病型变化及其分布特征研究 [J]. 中国农业科学，2015，48(3)：441—449.

[15] 佟建伟，薛晓明，高亚军，等 . 基于 ZigBee 的温室无线传感器网络监测系统研究 [J]. 农业工程学报，2014，30(5)：176—182.

[16] 朱志伟，吴超，袁秀莲，等 . 热泵驱动温室空气源热泵除湿系统性能分析 [J]. 农业工程学报，2019，35(4)：248—256.

[17] 李璐，高晓，朱赓，等 . 植物工厂环境因子动态调控的研究进展 [J]. 农业工程学报，2018，34(18)：1—13.

[18] 李鹏飞 . 日本植物工厂发展现状、特点及启示 [J]. 农业现代化研究，2020，41(6)：963—973.